计算机类技能型理实一体化新形态系列

信息技术

综合实训

（Office视频版）

主　编　邓春生　李焕春
　　　　蔡　琼
副主编　冯　云　孔娅妮
　　　　李振翔　桂连彬

清华大学出版社
北京

内 容 简 介

本书根据《高等职业教育专科信息技术课程标准（2021 年版）》编写，是一本全面而深入的信息技术教材，旨在为渴望深入了解现代信息技术应用的青年学生提供综合性的学习支持。教材内容丰富，涉及的知识面广，适合分级教学，以满足不同学时、不同基础读者的学习需求。线下部分安排有 8 个综合实训，分别为信息素养与社会责任、图文处理技术应用、电子表格技术应用、信息展示技术应用、信息检索技术应用、数字媒体技术应用、项目管理应用体验和新一代信息技术体验。线上部分安排有 6 个综合实训，分别为程序设计技术应用、现代通信技术体验、虚拟现实技术应用、机器人与流程自动化技术体验、区块链技术应用体验和信息安全技术应用。全书线下部分共计 20 个训练。各综合实训中的每个训练均按照"训练目的→训练内容→训练环境→训练步骤→训练结果"的形式组织编写。在教学实践中，教师可根据学时数和学生的基础来选择内容，读者可依据自身的兴趣和学习需求选择综合实训内容进行自主学习。

本书既可供高职高专学生使用，也可供职业本科和有关社会培训机构选用。

图书在版编目（CIP）数据

信息技术综合实训：Office 视频版 / 邓春生，李焕春，蔡琼主编 . —北京：清华大学出版社，2024.8
（计算机类技能型理实一体化新形态系列）
ISBN 978-7-302-65719-4

Ⅰ.①信…　Ⅱ.①邓…②李…③蔡…　Ⅲ.①办公自动化—应用软件—高等学校—教材　Ⅳ.① TP317.1

中国国家版本馆 CIP 数据核字（2024）第 051388 号

责任编辑：张龙卿
封面设计：刘代书　陈昊靓
责任校对：袁　芳
责任印制：刘　菲

出版发行：清华大学出版社
　　　　网　　　址：https://www.tup.com.cn，https://www.wqxuetang.com
　　　　地　　　址：北京清华大学学研大厦 A 座　　　　邮　　编：100084
　　　　社 总 机：010-83470000　　　　　　　　　　邮　　购：010-62786544
　　　　投稿与读者服务：010-62776969, c-service@tup.tsinghua.edu.cn
　　　　质量反馈：010-62772015, zhiliang@tup.tsinghua.edu.cn
　　　　课件下载：https://www.tup.com.cn, 010-83470410
印 装 者：艺通印刷（天津）有限公司
经　　销：全国新华书店
开　　本：185mm×260mm　　　印　　张：12.75　　　字　　数：303 千字
版　　次：2024 年 8 月第 1 版　　　　　　　　　印　　次：2024 年 8 月第 1 次印刷
定　　价：45.00 元

产品编号：106753-01

编写委员会

前　言

当前，数字化已成为经济社会转型发展的重要驱动力，以信息技术为基础的数字技术已经成为建设创新型国家、制造强国、网络强国、数字中国、智慧社会的基础支撑。数字经济蓬勃发展，数字技术快速迭代，技术进步和社会发展对劳动者所需掌握的数字技能也提出了新要求、新标准。党的二十大报告提出：加快发展数字经济，促进数字经济和实体经济深度融合，打造具有国际竞争力的数字产业集群。《中华人民共和国国民经济和社会发展第十四个五年规划和 2035 年远景目标纲要》则具体部署了"加快数字化发展　建设数字中国"的有关举措，其中提到"加强全民数字技能教育和培训，普及提升公民数字素养"。

如何有效提高当代青年学生的信息素养和数字技能，培养信息意识与计算思维，提升数字化创新与发展能力，促进专业技术与信息技术融合，树立正确的信息社会价值观和责任感，已成为高职院校关注的焦点。"信息技术"课程是高职高专各专业学生必修或限定选修的公共基础课程，2021 年 4 月，教育部制定出台了《高等职业教育专科信息技术课程标准（2021 年版）》（以下简称"新课标"）。我们根据实际教学的需要，依据新课标要求，组织编写了《信息技术基础（Office 视频版）》《信息技术综合实训（Office 视频版）》两册教材（以下简称"本套教材"）。本书具有以下特点。

一是在编写理念上，本书全面贯彻党的教育方针，落实立德树人根本任务，满足国家信息化发展战略对人才培养的要求，围绕高职高专各专业对信息技术学科核心素养的培养需求，吸纳信息技术领域的前沿技术，旨在通过"理实一体化"教学，提升学生应用信息技术解决问题的综合能力，重点培养学生利用信息技术进行信息的获取、处理、交流和应用的能力，促进其养成信息素养，具备基本的信息道德和行为规范，为其职业发展、终身学习和服务社会打下坚实的基础。

二是在内容选择上，本书共计 14 个综合实训，覆盖新课标全部要求，做到知识达标，技能规范，并以 Windows + Office 为基本应用环境组织编写。同时，全书分为线下和线上两部分，各地各学校可根据国家有关规定，结合地方资源、学校特色、专业需要和学生实际情况，自主选择教学。本书注重技术应用场景的选择，适当编入新知识、新技能、新产品、新工艺、新应用、新成就，并对行为规范和涉及的有关国家标准、行业标准、企业标准做出了提示。本书还充分考虑青年学生的心理特点和职业教育的特色，强化职业能力的培养，将探究学习、与人交流、与人合作、解决问题、创新能力的培养贯穿教材始终。

三是在内容组织上，本书充分适应不断创新与发展的工学结合、工学交替、教学做合一，以及项目教学、任务驱动、案例教学、现场教学和实习等"理实一体化"教学组织与实施形式。本书配套的《信息技术基础（Office 视频版）》教材中，对于偏理论的单元（节），采用案例导入的写作模式；对于偏实践的单元（节），采用工作任务导入的写作模式，内容组织上统一采用"导入案例→技术分析→知识与技能→案例实现→知识和能力拓展→单元练习"的编写模式，将工作场景、信息技术、行业知识进行有机整合，各个环节环环相扣，使学生的知识和能力逐步提高。本书的内容与安排顺序和《信息技术基础（Office 视频版）》完全一致，既可作为《信息技术基础（Office 视频版）》的配套教材使用，也可供学生基础条件较好的学校直接作为主教材使用。

四是在内容呈现上，本书图文并茂、资源丰富，方便师生学习。本书配备了二维码学习资源，实现纸质教材与数字资源的结合，方便学生随时学习。此外，本书还提供了 PPT 课件、电子教案、微课视频等，部分资源可在清华大学出版社网站免费下载。

总之，本书遵循新课标开发编写，反映了信息科技的最新发展，应用了职业教育最新的教改成果，在内容选择、内容组织、内容呈现上进行了系统创新，可以作为高职高专"信息技术"课程教材。

囿于编者的水平，同时由于本书所涉及的知识面较广，难免存在对新课标把握不准、对信息技术新发展敏感度不够的情况，要将众多的知识很好地贯穿起来，难度较大，以及基于新课标的课程教学实践积累还不够，教学配套资源和测评题库建设仍存在不足等条件的限制，因此，本书难免存在不足，恳请同行批评、指正，不吝赐教，以利于修订。

编　者

2024 年 4 月

目　录

线 下 部 分

综合实训 1　信息素养与社会责任 ·································3
　　训练 1.1　信息素养训练 ·······························3
　　训练 1.2　体验麒麟操作系统 ·························9

综合实训 2　图文处理技术应用 ·····························21
　　训练 2.1　制作调查问卷 ·····························21
　　训练 2.2　制作个人简历 ·····························27
　　训练 2.3　调研报告排版 ·····························31
　　训练 2.4　制作培训证书 ·····························37

综合实训 3　电子表格技术应用 ·····························45
　　训练 3.1　制作"员工薪酬表" ·····················45
　　训练 3.2　制作"年度商品销售情况表" ···········51
　　训练 3.3　制作和保护"销售情况表" ···············69

综合实训 4　信息展示技术应用 ·····························90
　　训练 4.1　制作工作总结演示文稿 ···················90
　　训练 4.2　制作网络安全宣传演示文稿 ···········96
　　训练 4.3　制作员工培训方案母版 ·················104

综合实训 5　信息检索技术应用 ···························113
　　训练 5.1　读秀学术搜索信息检索 ·················113
　　训练 5.2　CNKI 数据库检索 ·······················116

综合实训 6　数字媒体技术应用 ···························123
　　训练 6.1　制作"个人毕业简历" ·················123
　　训练 6.2　制作"电子画册" ·······················136

综合实训 7 项目管理应用体验··················149
训练 7.1 机房服务器安装项目··················149
训练 7.2 在线订餐手机 App 开发项目··················161

综合实训 8 新一代信息技术体验··················172
训练 8.1 云服务器 ECS 实例入门使用体验··················172
训练 8.2 体验百度 AI 开放平台··················185

线 上 部 分

综合实训 9 程序设计技术应用··················191

综合实训 10 现代通信技术体验··················191

综合实训 11 虚拟现实技术应用··················191

综合实训 12 机器人与流程自动化技术体验··················191

综合实训 13 区块链技术应用体验··················191

综合实训 14 信息安全技术应用··················191

参考文献··················192

后记··················193

线 下 部 分

综合实训 1　信息素养与社会责任

训练 1.1　信息素养训练

一、训练目的

（1）通过训练，了解信息处理的基本过程。

（2）提高信息意识，提升信息处理能力。

二、训练内容

（1）收集指定的信息。

（2）了解信息处理的过程。

（3）进行信息意识和信息能力的测评。

三、训练环境

Windows 10、Microsoft Office

四、训练步骤

1. 信息收集

收集信息后填写表 1-1。

表 1-1　中国奥运代表团历届奥运会奖牌数量统计表

历届奥运会	奖　牌		
	金　牌	银　牌	铜　牌
2020 年东京奥运会			
2016 年里约热内卢奥运会			
2012 年伦敦奥运会			
2008 年北京奥运会			

续表

历届奥运会	奖　牌		
	金　牌	银　牌	铜　牌
2004 年雅典奥运会			
2000 年悉尼奥运会			
1996 年亚特兰大奥运会			
1992 年巴塞罗那奥运会			
1988 年汉城奥运会			
1984 年洛杉矶奥运会			

2. 说说你对信息和信息处理的认识

信息和信息处理对我们的影响到底有多大？它在我们的生活和工作中能发挥怎样的作用？我们的世界能否脱离信息处理而独立存在？

1）活动目的

（1）了解我们周围的信息。

（2）了解信息处理是怎样影响我们生活的。

（3）加深对信息处理重要性的认识。

（4）增强信息处理的意识。

2）规则与程序

（1）每个学生围绕"信息和信息处理怎样影响我们的生活"思考生活中典型的信息处理案例。

（2）按 6 人左右将全班分为若干个小组。

（3）每个小组成员在组内向其他组员介绍自己的案例。

（4）各组开展以"信息和信息处理对我们生活的影响有多大"为主题的研讨。

（5）各小组选一名代表，在全班面前介绍一个典型案例和讨论心得。

（6）各小组发言完毕，进行自由发言。

（7）教师带领学生进行总结。

3. 信息处理与传递

准确地理解信息是进行信息处理和传递的前提，但是，以讹传讹在日常生活中却并不鲜见，这是因为人们在进行信息的处理和传递过程中总会产生误差，下面这个活动也许能说明问题。

1）活动目的

（1）体验信息处理和传递的过程。

（2）调动学生进行信息处理能力学习的兴趣。

2）规则与程序

（1）按 8 人一组，将全班分为若干小组，每小组坐成一列，小组之间以及小组成员之间均保留较大空隙。以小组内任意两人之间的小声交流不被第三人听到为宜。

（2）每组第一个学生上台，看老师写在纸上的信息，时间为 1 分钟，信息字数 50 字左右。

（3）每组的学生要按座位顺序把信息传给下一位学生，传话时只能让组内的下一位学生听到。

（4）最后一个学生要以最快的速度把信息写在纸上，并交给老师。

（5）老师展示每组学生最后的信息内容，并与实际信息相比较，看哪组学生信息传递得又快又准。

（6）老师可准备不同内容的信息，进行多次信息传递活动。

（7）学生分析讨论，老师总结。

4. 信息处理过程训练

信息的需求与明确、信息的检索与获取、信息的分析与整理、信息的编排与展示、信息的传递与交流、信息的存储与安全、信息的决策与评估是信息处理过程的 7 个步骤。请同学们讨论：是不是任何一个信息处理过程都包含这 7 个步骤？如果可以不全部包含，哪些步骤可以省略？并举例说明。

1）活动目的

（1）掌握信息处理的步骤。

（2）灵活掌握信息处理的过程。

（3）提高学生的信息素养。

2）规则与程序

（1）按 6 人左右将全班分为若干个小组。

（2）每个小组成员在组内向其他组员讲述自己的观点。

（3）各组开展以"信息处理步骤是否可以省略"为主题的研讨。

（4）各小组选一名代表在全班面前介绍本组的讨论结果和心得。

（5）各小组发言完毕，进行自由发言。

（6）教师带领学生进行总结。

5. 信息意识测评

本测评主要考查学生的信息意识强弱程度。通过评估，帮助学生认识自己，并能有效地促进学生信息意识的形成。

1）情景描述

请根据实际对下列命题进行判断，不要花太多时间考虑，每个陈述有：1= 很不符合、2= 基本不符合、3= 不太确定、4= 基本符合、5= 非常符合，共 5 种选择。请将代表选项的数字写在序号前。

（1）新信息很容易吸引你的注意力。

（2）你能主动查阅和收集本学科、本专业最新的发展动向。

（3）在图书馆查不到所需资料时，能主动求助于图书馆工作人员或同学。

（4）你认为信息也是创造财富的资本。

（5）你能独立判断信息资源的价值。

（6）你能认识到信息对个人和社会的重要性。

（7）面对所需要的重要信息，愿意接受有偿信息服务。

（8）遇到问题时有使用信息技术解决问题的欲望。

（9）在学习遇到困难时，你能立即想到去图书馆或上网查资料。

（10）你会利用图书馆所购买的各种数据库来帮助你学习。

（11）你有强烈的求知欲望。

（12）你参加过校外 IT 培训考试。

（13）你善于从司空见惯的、微不足道的现象中发现有价值的信息。

（14）你面对浩如烟海、杂乱无序的信息，能去粗取精、去伪存真，做出正确的选择。

（15）你不论何时何地，从工作到日常生活，都积极地去关注、思考问题。

（16）你有强烈的紧迫感和超前意识。

（17）你有需要增强情报系统能力的愿望和行动。

（18）你有高度自我完善以适应形势要求的自觉性。

（19）当你需要某一资料时，你清楚地知道应该去哪里获取。

（20）你对非法截取他人信息或非法破坏他人网络或在网上散发病毒等行为持坚决反对的态度。

（21）你认识到信息泄露会造成危害。

（22）你在信息活动中能严格遵守信息法律法规。

（23）你认为知识只有得到传播才能显示价值，发挥作用，推动人类社会的进步与发展。

（24）你认为信息资源共享有利于实现信息资源的合理配置，能发挥信息资源的价值与作用。

（25）你有对知识或已知信息的分析研究进行创造的愿望。

2）测评标准

测评标准如表 1-2 所示。

表 1-2　信息意识的测评标准

选项	很不符合	基本不符合	不太确定	基本符合	非常符合
记分 / 分	1	2	3	4	5

3）结果分析

（1）25~38 分为较差等级，被试者的信息意识暂时还比较弱，处于初级水平，还需要进一步加强。如果被试者想适应信息社会，就必须针对自己的不足做出改进。

（2）39~92 分为中等等级，被试者的信息意识较强，处于中等水平，若加强信息意识方面的锻炼，被试者就会成为一个具有超强信息意识的人。

（3）93~125 分为优秀等级，被试者具有（或将具有）超强的信息意识，处于高等水平。

6. 信息处理能力测试

本测评主要考查学生信息处理能力的强弱和信息处理的偏好与习惯。通过评估，帮助学生了解自己的信息处理能力和个性化习惯，明确自己属于哪种信息处理类型以及自己在信息处理方面的弱点和不足。

1）情景描述

请快速如实回答表 1-3 中的问题，在与你的情况相符的选项后面打"√"，每个问题只能选择一项。

表 1-3 信息处理能力测试表

序号	问　题	选　项	选择
1	你对信息处理的认识是什么?	A. 所有感觉器官感受到的信息及对这些信息的所有操作	
		B. 以计算机和通信为代表的现代信息处理技术	
		C. 世间万物皆信息,我们每时每刻都在处理信息	
2	你上网大部分时间在做什么?	A. 看电影、小说、聊天或者打游戏,查资料的时间非常少	
		B. 发邮件、聊天或者网上购物等	
		C. 有需要才上网搜索资料,很少娱乐	
3	你对手机中的功能了解多少?	A. 主要采用打电话和发短信,好多功能都没有用过	
		B. 大部分常用功能都会用,不常用的功能不会用	
		C. 无论是否有用,手机中的功能我都了解	
4	你是否随身携带记录工具?常带的工具是什么?	A. 几乎不带记录工具,若需要临时找	
		B. 有时带,有时不带,工具主要是纸笔	
		C. 经常带,主要是纸笔,有时也用电子工具	
		D. 几乎随身带,纸笔和电子工具同时带	
5	在外出或异地旅游过程中,你是否走错过路?	A. 大方向不会错,到了目的地再打听,总能找到	
		B. 提前将行程路线搞清楚,很少走错路	
		C. 提前将行程路线搞清楚,并且预备多条路线,以备异常情况	
6	你有没有相信过虚假信息,或被人骗过?	A. 有,因为防不胜防,上过好几次当了	
		B. 有,但只有一两次,以后我会倍加小心	
		C. 听别人说过很多上当经历,所以每次遇到都会看穿那是个骗局,不予理睬	
7	你写总结、报告或申请时觉得难吗?	A. 最讨厌写这种没有情节的应用文了	
		B. 如果是自己经历的事,比较好写;如果单靠个人构思,我不知道该怎么写	
		C. 别人写不出的时候,我总能找到话题	
8	你与人交流时,有没有把一个问题翻来覆去解释给别人听?	A. 有时候感觉对方很笨,怎么讲他都听不明白	
		B. 不管问题有多复杂,我一般讲一遍人就听懂了,很少重复讲同一个问题	
		C. 对于复杂问题,我经常要重复几次,对方才能理解	
9	你办黑板报的水平如何?	A. 从来也没有办过,不知道该怎么弄	
		B. 参与过,但只是给别人当助手	
		C. 经常参与,而且是主力	
10	你电子排版的水平如何?	A. 我不知道什么是电子排版	
		B. 会使用一些软件进行简单的平面设计	
		C. 精通至少一个排版软件,排版效果美观	

续表

序号	问 题	选 项	选择
11	当突发事件发生时，你的表现是怎样的？	A. 尖叫、发呆或不知所措	
		B. 寻求别人的帮助，或等待别人帮忙	
		C. 能够在最短的时间内做出判断	
12	当因为你的决策而使某件事成功或失败，事后你会怎么做？	A. 无论成功与失败，过去的事就让它过去吧	
		B. 成功了我会高兴，但失败了我会总结经验	
		C. 无论成功与失败，我都会总结得与失	
13	你坐公交车时会把钱包放在哪里？	A. 放在外套里面的口袋里	
		B. 放在贴身衣服的口袋或手提包中	
		C. 把钱包拿在手上	

2）评分标准

参考标准参考表 1-4。

表 1-4　信息处理能力测试参考标准

序号	问 题	选项所体现的能力	分值
1	你对信息处理的认识是什么？	A. 片面的信息处理观点	1
		B. 狭义的信息处理观点	2
		C. 广义上的信息处理观点	3
2	你上网大部分时间在做什么？	A. 娱乐为主，较少的信息处理能力	1
		B. 普通的信息处理能力	2
		C. 较为专业的信息处理能力	3
3	你对自己手机中的功能了解多少？	A. 信息的敏感度差	1
		B. 信息的敏感度一般	2
		C. 信息的敏感度很强	3
4	你是否随身携带记录工具？常带的工具是什么？	A. 获取信息的习惯不好	0
		B. 获取信息的习惯一般	1
		C. 获取信息的习惯较好	2
		D. 具有良好的信息获取习惯	3
5	在外出或异地旅游过程中，你是否走错过路？	A. 信息获取的素养较差	1
		B. 信息获取的素养较好	2
		C. 信息获取的素养很好	3
6	你有没有相信过虚假信息或被人骗过？	A. 辨别信息真伪的能力差	1
		B. 辨别信息真伪的能力较好	2
		C. 辨别信息真伪的能力很好	3
7	你写总结、报告或申请时觉得难吗？	A. 信息的搜集和表示能力差	1
		B. 信息的搜集和表示能力一般	2
		C. 信息的搜集和表示能力强	3

续表

序号	问 题	选项所体现的能力	分值
8	你与人交流时，有没有把一个问题翻来覆去解释给别人听？	A. 信息的表示能力差	1
		B. 这是不可能的现象	2
		C. 信息的表示能力较好	3
9	你办黑板报的水平如何？	A. 信息的手工表示能力差	1
		B. 信息的手工表示能力一般	2
		C. 信息的手工表示能力较好	3
10	你电子排版的水平如何？	A. 信息的电子展示能力差	1
		B. 信息的电子展示能力较好	2
		C. 信息的电子展示能力很好	3
11	当突发事件发生时，你的表现是怎样的？	A. 信息决策的能力差	1
		B. 信息决策的能力一般	2
		C. 信息决策的能力较好	3
12	当因为你的决策而使某件事成功或失败，事后你会怎么做？	A. 没有什么信息评估意识和能力	1
		B. 具有一定的信息评估意识和能力	2
		C. 具有很强的信息评估意识和能力	3
13	你坐公交车时会把钱包放在哪里？	A. 信息的安全意识一般	1
		B. 信息的安全意识较强	2
		C. 过度敏感的安全意识	3

根据信息处理能力测试参考标准，测试者可以计算自己的得分。10~15 分：表明信息处理能力差；16~25 分：表明信息处理能力一般；26~32 分：表明信息处理能力良好；33~37 分，表明信息处理能力强。

五、训练结果

加深对信息处理内涵的理解，提高自身的信息素养。

训练 1.2　体验麒麟操作系统

一、训练目的

（1）了解麒麟桌面操作系统的安装、配置和管理方法。
（2）了解国产软件，从中感受国产操作系统所带来的强大力量，加深对民族科技的自信。

二、训练内容

在虚拟机上安装麒麟桌面操作系统，进行基本操作。

三、训练环境

Windows 10、VMware Workstation

四、训练步骤

1. 麒麟操作系统简介

麒麟软件有限公司是专业从事国产操作系统研发和产业化的高新技术企业，旗下拥有银河麒麟、中标麒麟、星光麒麟三大国产操作系统品牌，服务国内用户超过 5 万家。麒麟操作系统一般是指银河麒麟。银河麒麟是在国家"863"计划重大攻关科研项目的支持下由国防科技大学研制的开源服务器操作系统，目标是打破国外操作系统的垄断，研发一套中国自主知识产权的服务器操作系统，具有高安全、高可靠、高可用、跨平台、中文化等特点，已经广泛应用于国防、政务、电力、金融、能源、教育等行业。银河麒麟已经发展为以银河麒麟服务器操作系统、桌面操作系统、嵌入式操作系统、麒麟云、操作系统增值产品为代表的产品线。为攻克中国软件核心技术"卡脖子"的短板，银河麒麟建设自主的开源供应链，发起中国首个开源桌面操作系统根社区 openKylin，银河麒麟操作系统以openKylin 等自主根社区为依托，发布最新版本。

2. 下载安装镜像

银河麒麟官网提供免费试用下载，首先需要申请免费试用。打开官网页面，选择"桌面操作系统"→"免费试用"，填写相应信息后提交。提交成功会转到下载页面，根据 CPU 架构选择要下载的安装包。AMD、Intel 的 CPU 下载银河麒麟桌面操作系统 V10AMD64 版本。

3. 在虚拟机上安装

（1）打开虚拟机软件 VMware Workstation，单击"创建新的虚拟机"图标，如图 1-1 所示。

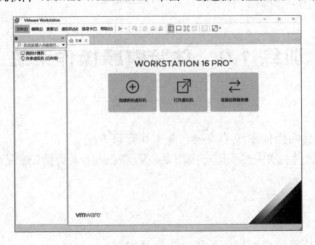

图 1-1 **VMware Workstation** 界面

（2）进入"新建虚拟机向导"页面，选择"自定义（高级）"的安装方式，如图 1-2 所示。

（3）单击"下一步"按钮，进入"选择虚拟机硬件兼容性"页面，根据安装的版本进行选择，如图 1-3 所示。

图 1-2 选择配置类型

图 1-3 选择虚拟机硬件兼容性

（4）单击"下一步"按钮，进入"安装客户机操作系统"页面，加载下载的安装程序光盘镜像文件，如图 1-4 所示。

（5）单击"下一步"按钮，进入"选择客户机操作系统"页面，选择 Linux 操作系统，如图 1-5 所示。

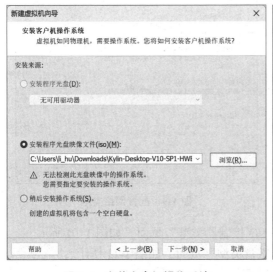

图 1-4 安装客户机操作系统

图 1-5 选择客户机操作系统

（6）单击"下一步"按钮，进入"命名虚拟机"页面，按照自己的方式进行命名以及选择对应的位置，如图 1-6 所示。

（7）单击"下一步"按钮，进入"处理器配置"页面，可根据自身计算机的情况，选择配置，如图 1-7 所示。

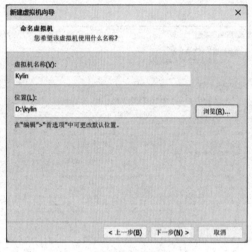

图1-6　命名虚拟机　　　　　　　　图1-7　处理器配置

（8）单击"下一步"按钮，进入"此虚拟机的内存"配置页面，根据自身计算机的情况，选择虚拟机内存大小，应不小于 2MB，如图 1-8 所示。

（9）单击"下一步"按钮，进入"网络类型"配置页面，如图 1-9 所示。

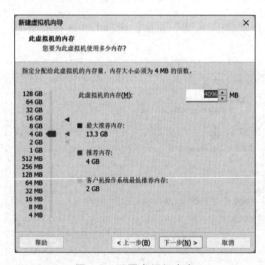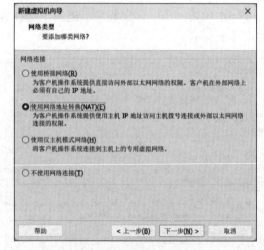

图1-8　配置虚拟机内存　　　　　　图1-9　配置网络类型

（10）单击"下一步"按钮，进入"选择 I/O 控制器类型"页面，如图 1-10 所示。

（11）单击"下一步"按钮，进入"选择磁盘类型"页面，如图 1-11 所示。

（12）单击"下一步"按钮，进入"选择磁盘"页面，如图 1-12 所示。

（13）单击"下一步"按钮，进入"指定磁盘容量"页面，如图 1-13 所示。

图 1-10 选择 I/O 控制器类型

图 1-11 选择磁盘类型

图 1-12 选择磁盘

图 1-13 指定磁盘容量

（14）单击"下一步"按钮，进入"指定磁盘文件"页面，如图 1-14 所示。

（15）单击"下一步"按钮，进入虚拟机配置完成页面，如图 1-15 所示，检查配置信息完整无误后，单击"完成"按钮即完成创建虚拟机。

（16）在新创建的虚拟机页面中，单击"开启此虚拟机"选项，如图 1-16 所示。

（17）此时进入引导程序，选择"安装银河麒麟操作系统"，进入安装页面，如图 1-17 所示。

（18）进入"选择语言"页面，选择"中文（简体）"，单击"下一步"按钮，如图 1-18 所示。

（19）进入"阅读许可协议"页面，选中"我已经阅读并同意协议条款"选项，如图 1-19 所示。

图 1-14 指定磁盘文件　　　　　　　　　图 1-15 完成创建虚拟机

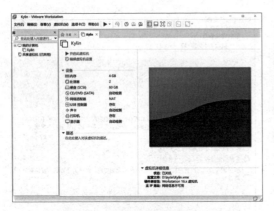

图 1-16 新创建的虚拟机页面　　　　　　　图 1-17 安装引导程序

图 1-18 选择语言　　　　　　　　　　　图 1-19 阅读许可协议

（20）单击"下一步"按钮，进入"选择时区"页面。

（21）单击"下一步"按钮，进入"选择安装途径"页面，选择"从 Live 安装"，如图 1-20 所示。

（22）单击"下一步"按钮，进入"选择安装方式"页面，单击"全盘安装"按钮，如图 1-21 所示。

图 1-20　选择安装途径

图 1-21　选择安装方式

（23）单击"下一步"按钮，进入"确认全盘安装"页面，选中"格式化整个磁盘"选项，如图 1-22 所示。

图 1-22　确认全盘安装

（24）单击"下一步"按钮，进入"创建账户"页面，单击"立即创建"按钮，如图 1-23 所示。

（25）单击"下一步"按钮，输入用户名和密码，如图 1-24 所示。

图 1-23　创建账户　　　　　　　　　　　图 1-24　输入用户名和密码

（26）单击"下一步"按钮，进入"选择你的应用"页面，如图 1-25 所示。

（27）单击"开始安装"按钮，进入安装页面。

（28）安装完成后需要重启，如图 1-26 所示。

（29）系统自动优化配置完成后，会显示登录页面，如图 1-27 所示。

图 1-25　选择你的应用　　　　图 1-26　安装完成　　　　图 1-27　登录页面

（30）在登录页面输入正确的密码后，便进入系统桌面，如图 1-28 所示，就开始体验麒麟操作系统了。

图 1-28　麒麟操作系统桌面

4. 麒麟系统基本操作

1）登录、注销、关机与重启

在"开始"菜单中单击"电源"按钮,打开"关闭系统"界面,如图 1-29 所示。单击相应按钮,即可进行相应操作。

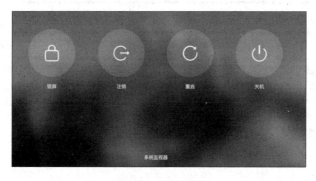

图 1-29　关闭系统

2）系统设置

在"开始"菜单中单击"设置"按钮,打开"设置"窗口,可以对账户、系统、设备、网络等进行设置,如图 1-30 所示。可以通过窗口上方的搜索框直接搜索想要修改的设置项。在"设置"窗口中可以设置打印机、网络、声音、鼠标、键盘等常用硬件设备的功能,也可以设置壁纸、屏保、字体、账户、时间与日期、电源管理、个性化等功能。

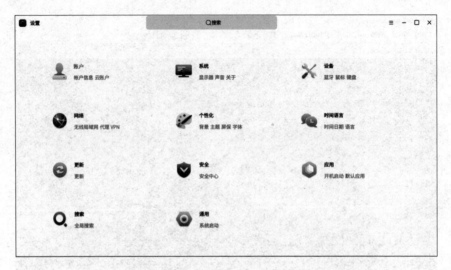

图 1-30　设置页面

3）系统管理

分区编辑器实现了对本机所有存储设备（包括移动硬盘、U 盘）进行查看和编辑的功能，可以进行创建分区、更改分区大小、格式化等操作。在"开始"菜单中选择"分区编辑器"命令，输入账户密码，进行授权后可以打开"分区编辑器"窗口，如图 1-31 所示。磁盘分区中的色彩条表示分区的大小，列表区展示了各分区的详细信息，包括挂载点、大小等。单击色彩条会在列表区中标记出该分区，单击列表区的分区也会在色彩条上显示。

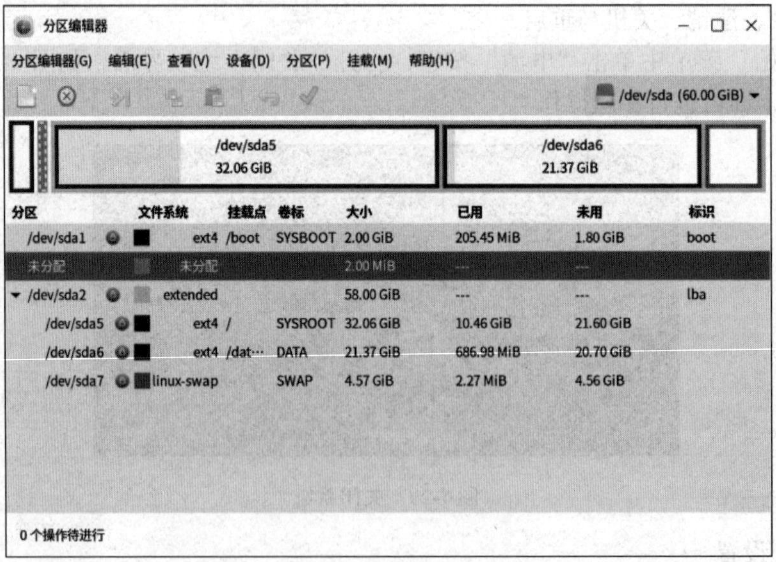

图 1-31　"分区编辑器"窗口

系统监视器是一个对硬件负载、程序运行以及系统服务进行监测和管理的系统工具。系统监视器可以实时监控处理器状态、内存占用率、网络上传/下载速度等，还可以管理程序进程和系统服务，支持搜索进程和强制结束进程。在"开始"菜单中选择"系统管理器"命令或任务栏处右击，在弹出的快捷菜单中选择"系统监视器"命令，可以打开"系统监视器"窗口，如图 1-32 所示。

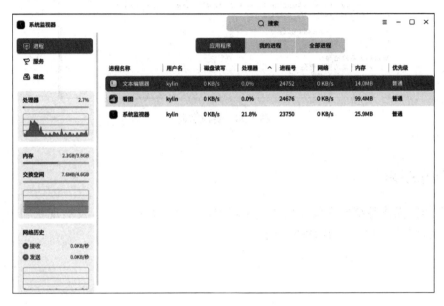

图 1-32   "系统监视器"窗口

5. 终端的使用

终端是一台计算机或者计算机系统，用来让用户输入数据，并显示其计算结果，简而言之就是人类用户与计算机交互的设备。终端有些是全电子的，也有些是机电的，其又名终端机。它与一部独立的计算机不同，但也是计算机的组成部分。在 Linux 操作系统中，我们常说的终端指的是虚拟终端或终端应用程序，可以通过它在图形用户界面中模拟一个图形终端。我们可以通过终端在图形界面中使用 UNIX Shell 指令。

在"开始"菜单中选择"终端"命令，或者在桌面空白处右击，在弹出的快捷菜单中选择"打开终端"命令，或者按 Ctrl+Alt+T 快捷键，打开终端页面，如图 1-33 所示。

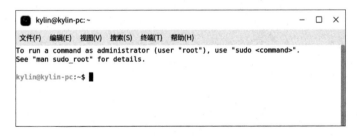

图 1-33   终端页面

其中提示信息由"用户名 @ 计算机名：当前工作目录 $"组成："~"表示当前用户的主工作目录；"$"是普通用户命令提示符；"#"是超级用户 root 的命令提示符。

例如，修改 root 用户密码，在终端中输入命令 sudo passwd，按提示输入旧密码与新密码，即可更改，如图 1-34 所示。

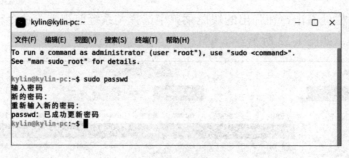

图 1-34　更改密码

五、训练结果

熟悉麒麟操作系统的安装和操作，了解国产软件的发展历史、发展现状和未来趋势，更深刻认识到时代对科技的依赖和需求。

综合实训 2 图文处理技术应用

训练 2.1 制作调查问卷

一、训练目的

（1）掌握文本框和文档部件的使用方式。
（2）掌握图形和图片的编辑和处理方法。
（3）掌握页面边框、页面背景和水印的操作方法。

训练 2.1 制作调查问卷 .mp4

二、训练内容

制作调查问卷，效果参考图 2-1。

图 2-1 调查问卷效果

三、训练环境

Windows 10、Word 2021

四、训练步骤

1. 页面设置

单击"布局"功能选项卡下"页面设置"组右下角的箭头按钮 ⤵，打开"页面设置"对话框。在对话框的"页边距"选项卡中设置上、下边距均为 2 厘米，设置左、右边距均为 2.5 厘米，如图 2-2 所示。

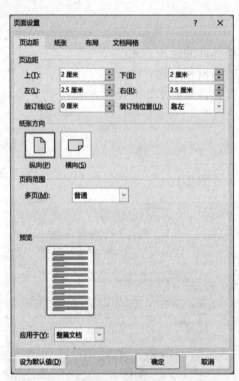

图 2-2　设置页边距

2. 插入特殊符号

（1）将插入点置于最前面的"非常满意"文本前。

（2）在"插入"功能选项卡的"符号"组中单击"符号"按钮，在下拉列表中选择"其他符号"命令，打开"符号"对话框。

（3）在"符号"对话框的"符号"选项卡中，在"字体"下拉列表中选择"（普通文本）"，在"子集"下拉列表中选择"几何图形符"，在符号列表中选择"□"，单击"插入"按钮，如图 2-3 所示。

（4）使用上述方法或复制粘贴的方法，在文本需要的位置插入特殊符号"□"。

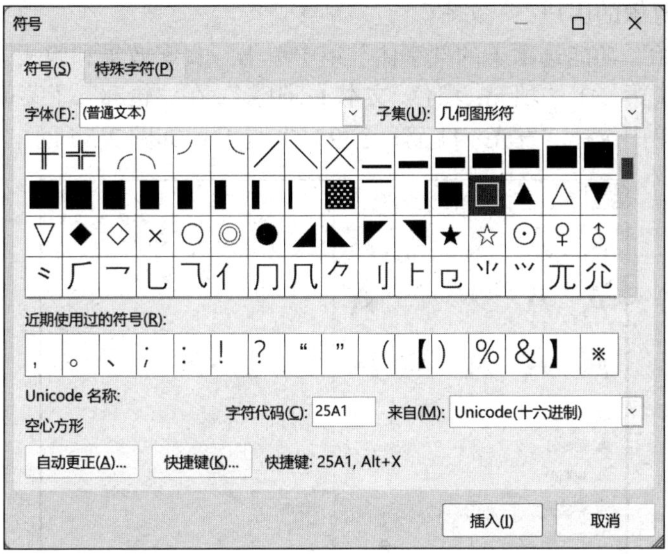

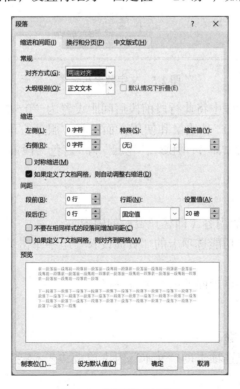

图 2-3　"符号"对话框

3. 段落格式

选中除前两行之外的所有行，在"开始"功能选项卡的"段落"组中单击右下角箭头按钮，打开"段落"对话框，设置行距为"固定值""20 磅"，如图 2-4 所示。

图 2-4　"段落"对话框

4. 设置字体格式

（1）选中"尊敬的用户："文本。

（2）在"开始"功能选项卡的"字体"组中单击"文字效果和版式"按钮 **A** ，在文字效果列表中选中第一个"填充：黑色，文本 1；阴影"，在"轮廓"子菜单中选择"蓝色"，在"发光"子菜单中选择"发光：11 磅；金色，主题 4"，如图 2-5 所示。

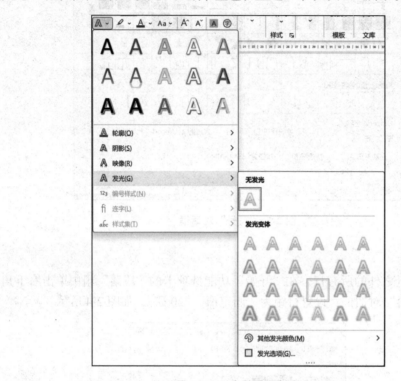

图 2-5　文字效果和版式

（3）在"段落"对话框中将此行段前段后间距设置为"0.5 行"，行距为"单倍行距"。

（4）将"客户资料""产品质量和使用方面"和"服务方面"三行设置为相同格式：文字效果为"填充：黑色，文本 1；阴影"，"轮廓"为"蓝色"，段前段后间距设置为"0.5 行"，行距为"单倍行距"。

5. 分栏

（1）选中第 7~12 行的内容（即客户资料的内容）。

（2）在"页面布局"功能选项卡的"页面设置"组中单击"分栏"按钮，在下拉列表中选择"两栏"。

（3）使用同样的方法将后面的内容进行分栏。

6. 插入艺术字

（1）选中前两行的标题。

（2）在"插入"功能选项卡的"文本"组中单击"艺术字"按钮，在下拉列表中选择第一行第三个艺术字样式。

（3）选中艺术字中的英文部分，在"开始"功能选项卡的"段落"组中单击"右对齐"按钮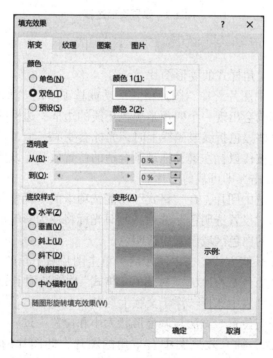。然后在"开始"功能选项卡的"字体"组中设置英文部分字体为 Tempus Sans ITC，字号为"二号"。再在"形状格式"功能选项卡的"艺术字样式"组中单击"文本填充"按钮，在下拉列表中选择"深红色"。

（4）选中艺术字中的中文部分，设置其为右对齐，字体为"幼圆"，字号为"一号"。在"形状格式"功能选项卡的"艺术字样式"组中单击"文本填充"按钮，在下拉列表中选择"蓝色，个性 1"；单击"文本轮廓"按钮，在下拉列表中选择"蓝色，个性 1"。

（5）设置文字环绕方式。选中整个艺术字，在"形状格式"功能选项卡的"排列"组中单击"环绕文字"按钮，在下拉列表中选择"上下型环绕"；或者单击艺术字右上角的"布局选项"按钮，在弹出的菜单中选择"上下型环绕"。

（6）选中艺术字后，当光标变为十字箭头时，按住鼠标左键，拖动艺术字至合适的位置。

7. 页面边框及颜色

（1）添加页面背景颜色。在"设计"功能选项卡的"页面背景"组中单击"页面颜色"按钮，在下拉列表中选择"填充效果"选项，打开"填充效果"对话框，设置如图 2-6 所示。

图 2-6　页面背景

（2）添加页面边框。在"设计"功能选项卡的"页面背景"组中单击"页面边框"按钮，打开"边框和底纹"对话框。在对话框的"页面边框"选项卡中，在"设置"列表中选择"方框"，在"样式"列表中选择上粗下细的双线，在"颜色"列表中选择"蓝色"，如图 2-7 所示。

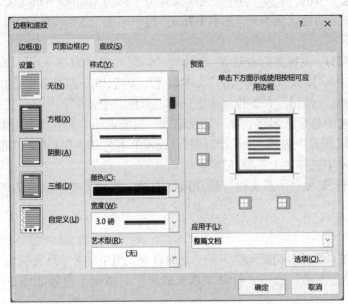
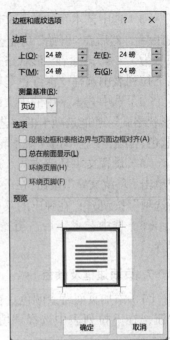

图 2-7　设置页面边框

8. 插入图片

（1）插入样例中左上角样式的菱形图片。

（2）裁剪图片。选中图片，在"图片格式"功能选项卡的"大小"组中单击"裁剪"按钮，这时在图片的周围会出现一个四角是黑色折线的边框，边框的边上中点都有较粗的黑线。当把光标放在这些黑色折线或黑线上时，光标会变成一个 T 形的形状。在这些折线或者中点黑线上单击，按住鼠标左键并拖动到合适的位置放开，设置好裁剪的大小后，在 Word 文档页面任意处单击，即可裁剪图片。

（3）设置透明色。选中图片，在"格式"功能选项卡的"调整"组中单击"颜色"按钮，在下拉列表中选择"设置透明色"选项，此时光标将变为彩笔形状，单击图片中的白色区域，即可将图片中的白色区域设置为透明色。

（4）修改图片文字环绕方式。选中图片后，单击图片右上角的"布局选项"按钮，在弹出的菜单中选择"浮于文字上方"。或者在"格式"功能选项卡的"排列"组中单击"环绕文字"按钮，在下拉列表中选择"浮于文字上方"。

（5）修改图片大小与位置。方法与调整形状大小和位置一致。

（6）使用上述方法，插入效果图中右下角的图片，此图片的文字环绕方式为"四周型"。

9. 文本框

（1）在"插入"功能选项卡的"文本"组中单击"文本框"按钮，在下拉列表中选择"绘制横排文本框"，光标变成十字后，绘制文本框。

（2）在文本框中输入文字"感谢您的参与!"，设置字体为"幼圆"，字号为"小四"。

（3）选中图片后右击，在弹出的快捷菜单中选择"设置形状格式"命令，工作区右侧会显示"设置形状格式"任务窗格，在其中设置填充为"无填充"，线条为"无线条"，如图 2-8 所示。

（4）移动文本框至合适位置。

10. 水印

（1）在"设计"功能选项卡的"页面背景"组中单击"水印"按钮，在下拉列表中选择"自定义水印"，打开"水印"对话框。

（2）在"水印"对话框中选择"文字水印"，字体为 Malgun Gothic，颜色为"灰色"，版式为"斜式"，选中"半透明"选项，如图 2-9 所示。设置完成后单击"确定"按钮。

图 2-8　"设置形状格式"任务窗格

图 2-9　自定义水印

五、训练结果

制作调查问卷结果参考图 2-1。

训练 2.2　制作个人简历

一、训练目的

（1）掌握图片的编辑方法。

（2）掌握 Word 中表格的创建与编辑的方法。

训练 2.2　制作个人简历 .mp4

二、训练内容

根据自身情况，制作一份个人简历，可参考图 2-10。

图 2-10　个人简历效果图

三、训练环境

Windows 10、Word 2021

四、训练步骤

1. 创建表格

（1）新建 Word 文档。

（2）在"插入"功能选项卡的"表格"组中单击"表格"按钮，在下拉列表中选择插入一个 2 列 6 行的表格。

（3）参考效果图在表格第 2~6 行输入个人经历信息。

2. 添加项目符号

（1）选中"工作描述"下方的 5 行内容。

（2）在"开始"功能选项卡的"段落"组中单击"项目符号"按钮旁的下三角 ≣ ▾，在下拉列表中选择"定义新项目符号"选项，打开"定义新项目符号"对话框。

（3）在"定义新项目符号"对话框中单击"符号"按钮，打开"符号"对话框。在"符号"对话框的字体下拉列表中选择 Windings，在符号列表中选择相应的符号，单击"确定"按钮，返回"定义新项目符号"对话框，再单击"确定"按钮，如图 2-11 所示。

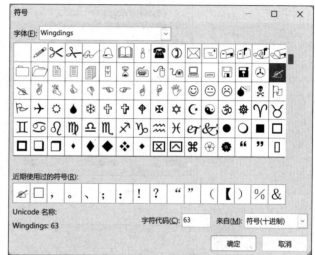

图 2-11　添加项目符号

（4）使用上述方法为素材"专业技能"中的内容添加相同的项目符号。

3. 调整表格样式

（1）选中第 2~6 行的内容，在"布局"功能选项卡的"对齐方式"组中单击"靠左上对齐"按钮 ▯。再在"开始"功能选项卡的"段落"组中单击右下角箭头按钮，打开"段落"对话框，设置行距为"固定值""20 磅"，无段落缩进，如图 2-12 所示。

（2）选中除第一行之外的第一列，设置字体为"华为中宋"，加粗。

（3）将光标置于表格第一列右边框线上，当光标变为 ⊪ 时，按下鼠标左键并拖动鼠标，减小第一列的列宽。

（4）在表格第一行第一列中插入照片，根据照片大小调整列宽与行高。

（5）在表格第一行第二列中输入个人信息，并进行格式设置。

（6）选中表格第一行，在"表设计"功能选项卡的"边框"组中单击"边框"按钮，在下拉列表中选择"边框和底纹"命令，打开"边框和底纹"对话框，在对话框中设置第一行下框线为 1.5 磅黑色单实线，无其他框线，如图 2-13 所示。

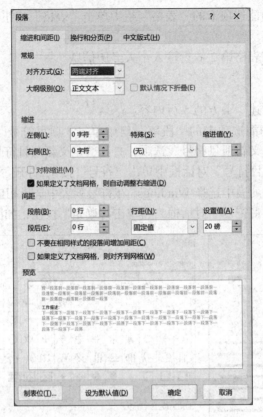

图 2-12 "段落"对话框

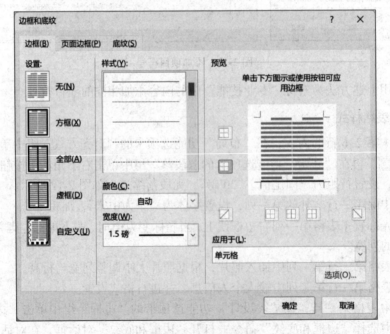

图 2-13 边框设置

（7）在"表设计"功能选项卡的"边框"组中单击"边框刷"按钮，光标变成笔状，单击每一行下边框，可以将表格中所有横线设置为 1.5 磅黑色单实线。

（8）选中第 2~6 行，在"边框和底纹"对话框中，将所有竖线取消。

（9）对表格内容和格式进行细节调整，完成简历制作。

五、训练结果

制作个人简历结果参考图 2-10。

训练 2.3　调研报告排版

一、训练目的

（1）掌握 Word 中插入图表的方法。

（2）掌握长文档排版的技巧。

训练 2.3　调研报告排版 .mp4

二、训练内容

制作调研报告，包括封面、目录和正文，并进行内容的排版，结果可参考图 2-14。

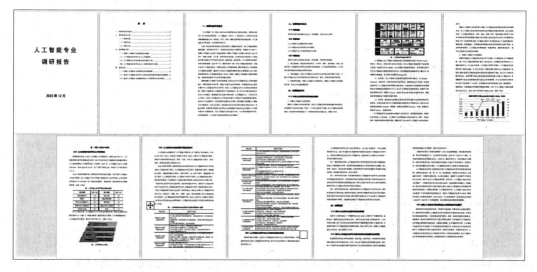

图 2-14　调研报告效果图

三、训练环境

Windows 10、Word 2021

四、训练步骤

1. 设置样式

标题 1 的样式：黑体，四号，加粗，首行缩进 2 个字符，1.5 倍行距，段前段后间距 1 行。

标题 2 的样式：黑体，小四号，加粗，首行缩进 2 个字符，1.5 倍行距，段前段后间距 0.5 行。

正文的样式：宋体，小四号，首行缩进 2 个字符，1.5 倍行距。

（1）在"开始"功能选项卡的"样式"组中右击"标题 1"按钮，选择"修改"命令，打开"修改样式"对话框。在该对话框中设置字体、字号。

（2）在该话框中单击"格式"按钮，在下拉列表中选择"段落"命令，打开"段落"对话框，设置首行缩进、间距、段前段后间距，如图 2-15 所示。

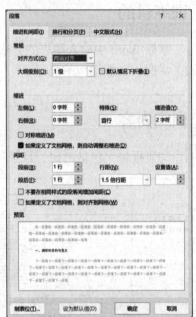

图 2-15　修改样式

（3）标题 2 的样式与正文样式的设置方式同上。

（4）将样式应用于文中对应位置。

（5）在"视图"功能选项卡的"显示"组中选中"导航窗格"复选框，在文档左侧会出现"导航"窗格，可以显示文档标题大纲，方便快速跳转目标段落的窗口或导航栏，如图 2-16 所示。

2. 制作图表

制作报告中"中国人工智能产业规模"图。

（1）在"插入"功能选项卡的"插图"组中单击"图表"按钮，打开"插入图表"对话框。

（2）在对话框中图表类型选择"组合图"，系列 1 的图表类型为"簇状柱形图"，系列 2 的图表类型为"带数据标记的折线图"，并选中"次坐标轴"复选框，如图 2-17 所示。

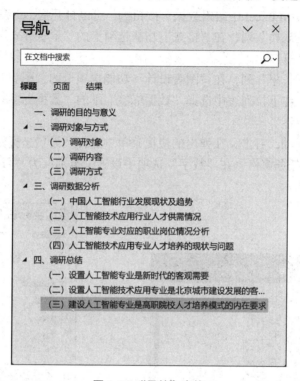

图 2-16   "导航"窗格

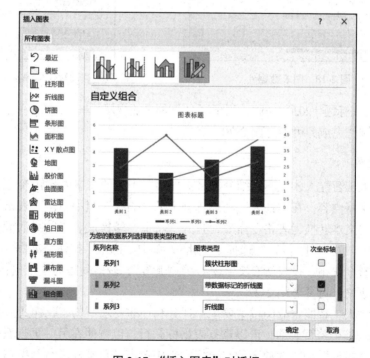

图 2-17   "插入图表"对话框

（3）单击"确定"按钮后，在"Microsoft Word 中的图表"对话框中输入数据，并删除多余的列，如图 2-18 所示。

单击"在 Microsoft Excel 中编辑数据"按钮🔲，可以打开 Excel 编辑数据。

（4）选中"产业规模"列，在"格式"功能选项卡的"形状样式"组中选择预设好的一种样式，对系列进行美化。

（5）选中"年增长率"列，在"图表设计"功能选项卡的"图表布局"组中单击"添加图表元素"按钮，在下拉列表中选择"数据标签"下的"数据标签外"命令，为"年增长率"列添加数据标签。

（6）选中次坐标轴，右击，在弹出的快捷菜单中选择"设置坐标轴格式"命令，弹出"设置坐标轴格式"任务窗格，在"数字"选项中设置"类别"为"百分比"，"小数位数"设为 0，如图 2-19 所示。

图 2-18　图表数据

图 2-19　"设置坐标轴格式"任务窗格

（7）添加图表标题"2020—2027 年中国人工智能产业规模（单位：亿元）"，并进行美化。

（8）图表制作完成，可参考图 2-20。

3. 编辑表格

将文中"人工智能人才在不同细分领域占比表"下方的文字内容转换为表格。

（1）选中文字内容，在"插入"功能选项卡的"表格"组中单击"表格"按钮，在下拉列表中选择"文本转换为表格"命令，打开"将文字转换成表格"对话框，在对话框中"列数"选择 4，"文字分隔位置"选择"空格"，单击"确定"按钮，如图 2-21 所示。

（2）选中整个表格，设置所有文字字号为"五号"，段落间距为"单倍行距"。

（3）美化表格，可参考图 2-22。

调整表格"人工智能企业岗位主要工作任务和任职要求一览表"样式。

由于表格较长会跨页显示，可以重复表格标题行，以方便在另一页查看表格标题。选中表格后，在"布局"功能选项卡的"数据"组中单击"重复标题行"按钮，即可将标题

图 2-20　图表样例

图 2-21　将文字转换成表格

重复显示。

细 分 领 域	占比 /%	细 分 领 域	占比 /%
算法 / 机器学习	47.6	语音识别	4.8
机器人	15.7	智能 / 精准营销	2.3
硬件 /GPU/ 智能芯片	13.1	推荐系统	1.6
图像识别 / 计算机视觉	6.5	智能交通 / 自动驾驶	1.4
自然语言处理	5.5	其他	1.5

图 2-22　表格效果图

4. 题注和交叉引用

为图添加编号和说明，并进行交叉引用。

（1）将光标置于图片下方居中，在"引用"功能选项卡的"题注"组中单击"插入题注"按钮，打开"题注"对话框。

（2）在该对话框中单击"新建标签"按钮，打开"新建标签"对话框，在打开的对话框中输入"图"，单击"确定"按钮，返回"题注"对话框。

（3）单击"确定"按钮，为图设置题注，如图 2-23 所示。

（4）修改题注的格式为黑体、五号、居中，并为图片添加说明。

（5）将光标置于图上方需要引用题注的位置，在"引用"功能选项卡的"题注"组中单击"交叉引用"按钮，打开"交叉引用"对话框。

（6）在该对话框中引用类型选择"图"，引用内容选择"仅标签和编号"，单击"插入"按钮，如图 2-24 所示。

（7）其他图的题注和交叉引用方法一致。

（8）为表添加编号及说明，方法与图类似。

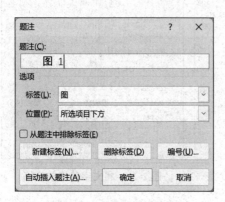

图 2-23 "题注"对话框

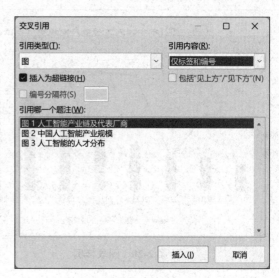

图 2-24 "交叉引用"对话框

5. 制作封面

在第一页前插入空白页，制作调研报告封面。

6. 分节

将整个报告分成三节。

（1）将光标置于封面末尾，在"布局"功能选项卡的"页面设置"组中单击"分隔符"按钮，在下拉列表中选择"下一页"命令，将封面设置为一节。

如果未显示分节符，可以在"开始"功能选项卡的"段落"组中单击"显示/隐藏段落标记"按钮，即可将分节符显示出来。

（2）在新页中输入"目录"，设置字体为黑体、字号为四号，再次插入分节符"下一页"。将整个文档分为封面、目录、正文三节。

7. 插入页码

封面页无页码，目录页页码格式为罗马数字 I，正文页码从阿拉伯数字 1 开始编码。

（1）在"插入"功能选项卡的"页眉和页脚"组中单击"页码"按钮，在下拉列表中选择"页面底端"→"普通数字 2"。

（2）将插入点置于目录页的页码处，在"页眉和页脚"功能选项卡的"导航"组中，取消选中"链接到前一节"选项。

（3）在"页眉和页脚"选项卡的"页眉和页脚"组中单击"页码"按钮，在下拉列表中选择"设置页码格式"命令，打开"页码格式"对话框。

（4）在对话框中编号格式选择罗马数字，页码编码选择"起始页码"，如图 2-25 所示。

（5）单击"确定"按钮，完成目录页页码设置。

（6）删除封面页页码。

（7）将插入点置于目录页的页码处，在"页眉和页脚"功能选项卡的"页眉和页脚"组中单击"页码"按钮，在下拉列表中选择"设置页码格式"命令，打开"页码格式"对话框。在对话框中设置页码从阿拉伯数字 1 开始，方法同上。

8. 生成目录

（1）将插入点置于目录页，在"引用"功能选项卡的"目录"组中单击"目录"按钮，在下拉列表中选择"自定义目录"命令，打开"目录"对话框。

（2）在对话框中选择显示级别为 2，单击"确定"按钮，如图 2-26 所示。

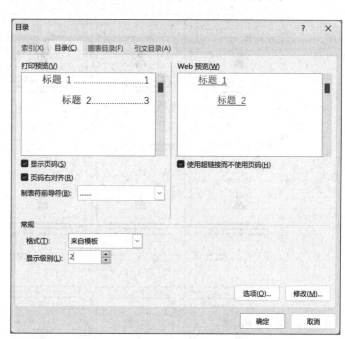

图 2-25 "页码格式"对话框   图 2-26 "目录"对话框

（3）调整目录格式。

9. 打印文档

（1）为方便分享和打印，将排版好的调研报告导出为 PDF 格式。

（2）打印文档。

五、训练结果

制作调研报告结果参考图 2-14。

训练 2.4 制作培训证书

一、训练目的

（1）掌握 Word 中邮件合并功能。

训练 2.4 制作培训证书 .mp4

（2）掌握 Word 中域的作用及用法。

二、训练内容

为参加某职业学会组织的培训成绩合格人员制作培训证书，可以参考图 2-27。

图 2-27　培训证书效果图

三、训练环境

Windows 10、Word 2021

四、训练步骤

1. 准备数据源

利用 Excel 制作培训信息表，包含姓名、部门、职务、培训时间、学时、培训内容、平时成绩、考试成绩、培训总成绩、照片等需要出现在联系卡中的信息。为了能够制作带照片的准考证，使用 Excel 制作考生信息表时，照片一列输入照片的名称。内容可参考图 2-28。

序号	姓名	部门	职务	培训时间	学时	培训内容	平时成绩	考试成绩	培训总成绩	照片
1	张旭	基础部	教师	2023年9月16日—9月20日	40	高校教师核心能力培养与职业素养提升	90	90	90	1寸照片-张旭.jpg
2	严妍	计算机系	教师	2023年9月16日—9月20日	40	高校教师核心能力培养与职业素养提升	90	96	94	1寸照片-严妍.jpg
3	李贺	计算机系	教师	2023年9月16日—9月20日	40	高校教师核心能力培养与职业素养提升	85	80	82	1寸照片-李贺.jpg
4	黄建文	法律系	教师	2023年9月16日—9月20日	40	高校教师核心能力培养与职业素养提升	90	85	87	1寸照片-黄建文.jpg
5	宋斌	计算机系	班主任	2023年9月16日—9月30日	90	高校学生管理创新暨班主任（辅导员）职业能力提升	80	76	77	1寸照片-宋斌.jpg
6	唐斌	基础部	班主任	2023年9月16日—9月30日	90	高校学生管理创新暨班主任（辅导员）职业能力提升	85	80	82	1寸照片-唐斌.jpg
7	石�	经管系	班主任	2023年9月16日—9月30日	90	高校学生管理创新暨班主任（辅导员）职业能力提升	85	85	85	1寸照片-石霏.jpg
8	严臣	经管系	班主任	2023年9月16日—9月30日	90	高校学生管理创新暨班主任（辅导员）职业能力提升	90	91	91	1寸照片-严臣.jpg
9	李倩雯	经管系	教师	2023年10月15日—10月20日	48	高校课程改革与专业课程标准体系建设	95	90	92	1寸照片-李倩雯.jpg
10	汤湄	法律系	教师	2023年10月15日—10月20日	48	高校课程改革与专业课程标准体系建设	90	85	87	1寸照片-汤湄.jpg
11	胡鹏飞	法律系	教师	2023年10月15日—10月20日	48	高校课程改革与专业课程标准体系建设	80	85	84	1寸照片-胡鹏飞.jpg
12	周语	法律系	教师	2023年10月15日—10月20日	48	高校课程改革与专业课程标准体系建设	85	85	85	1寸照片-周语.jpg
13	王紫嫣	法律系	教师	2023年10月15日—10月20日	48	高校课程改革与专业课程标准体系建设	70	50	56	1寸照片-王紫嫣.jpg
14	周一诺	法律系	教师	2023年10月15日—10月20日	48	高校课程改革与专业课程标准体系建设	90	90	90	1寸照片-周一诺.jpg

图 2-28　数据源

2. 制作主文档

（1）新建一个 Word 文档。

（2）制作培训证书模板，可参考图 2-29。

图 2-29　培训证书模板

3. 邮件合并

（1）在"邮件"功能选项卡的"开始合并邮件"组中单击"开始邮件合并"按钮，在下拉列表中选择"邮件合并分步向导"命令，则会在 Word 窗口的右侧出现"邮件合并"任务窗格，根据提示可以进行邮件合并操作。

（2）选择文档类型。在任务窗格的"选择文档类型"选项区域中选择一个创建的输入文档类型，在此选中"信函"单选按钮，如图 2-30 所示，单击"下一步：开始文档"按钮。或者在"邮件"功能选项卡的"开始邮件合并"组中单击"开始邮件合并"按钮，在下拉列表中选择"信函"命令。

（3）选择开始文档。在任务窗格的"选择开始文档"区域中选中"使用当前文档"单选按钮，如图 2-31 所示，单击"下一步：选择收件人"按钮。

（4）选择收件人。在任务窗格的"选择收件人"区域选择数据源。单击"浏览"按钮（图 2-32），打开"选取数据源"对话框。

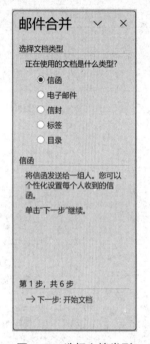
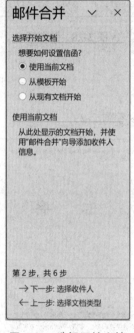
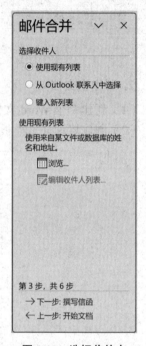

图 2-30　选择文档类型　　　图 2-31　选择开始文档　　　图 2-32　选择收件人

在"选取数据源"对话框中选择数据源所在文档，单击"打开"按钮，弹出"选择表格"对话框。或者在"邮件"功能选项卡的"开始邮件合并"组中单击"选择收件人"按钮，在弹出的下拉列表中选择"使用现有列表"命令，打开"选择表格"对话框，如图 2-33 所示。

在该对话框中，选择数据源的工作表名称，单击"确定"按钮，弹出"邮件合并收件人"对话框，如图 2-34 所示。

在"邮件合并收件人"对话框中，对收件人信息进行修改。要选择培训总成绩及格的数据，则在此对话框中单击"筛选"按钮，弹出"筛选和排序"对话框。在该对话框的"筛选记录"选项卡中对记录按培训总成绩及格的条件进行筛选，如图 2-35 所示，单击"确定"按钮，返回"邮件合并收件人"对话框，再次单击"确定"按钮。

在任务窗格中单击"下一步：撰写信函"按钮。

（5）撰写信函。将插入点置于"同志"两字前，在"邮件合并"任务窗格（图 2-36）

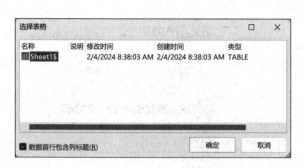

图 2-33　选择表格

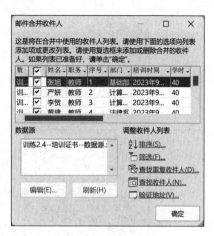

图 2-34　邮件合并收件人

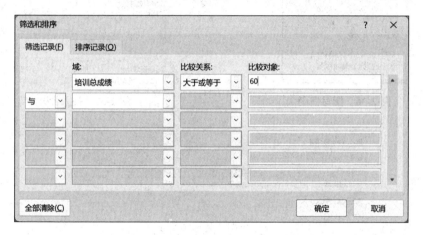

图 2-35　筛选记录

中单击"其他项目"选项，弹出"插入合并域"对话框。在该对话框中选择域为"姓名"，单击"插入"按钮，再单击"关闭"按钮，如图 2-37 所示。或者在"邮件"功能选项卡的"编写和插入域"组中单击"插入合并域"按钮，在下拉列表中选择"姓名"命令。则在当前位置会出现插入的域标记。

　　使用同样的方法，在文档中"参加"两字的前面插入域"培训时间"，在书名号内插入域"培训内容"，在"完成"两字后插入域"学时"，在"成绩"两字后插入域"培训总成绩"。

　　将插入点置于"等级"两字后，在"邮件"功能选项卡的"编写和插入域"组中单击"规则"按钮，在下拉列表中选择"如果 ... 那么 ... 否则 ..."命令，打开"插入 Word 域：如果"对话框，在对话框中设置如果培训总成绩大于或等于 90，则等级为优秀，其他为合格，如图 2-38 所示。

　　完成后效果如图 2-39 所示。

　　（6）插入照片。在"证书"两个字的下方插入文本框来放置照片。将插入点置于文本框内，在"插入"功能选项卡的"文本"组中单击"文档部件"按钮，在弹出的下拉列表

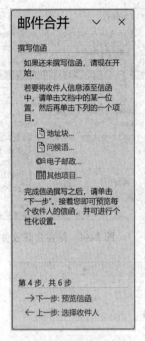

图 2-36　撰写信函

图 2-37　插入合并域

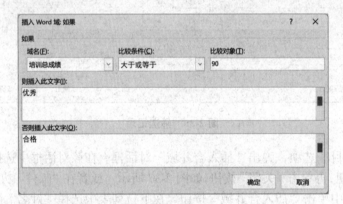

图 2-38　规则设定

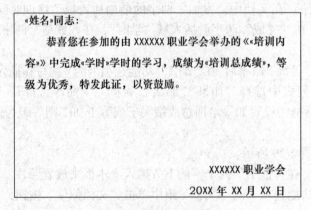

图 2-39　插入域后的效果

中选择"域"命令，打开"域"对话框。在对话框中选择域名 IncludePicture，在文件名或 URL 文本框中任意写一个名字，如 11，如图 2-40 所示。

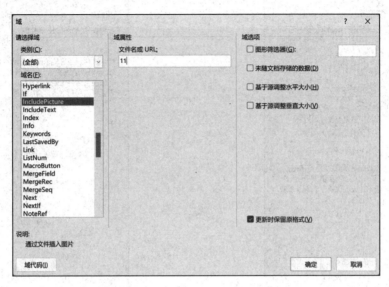

图 2-40   插入域

单击"确定"按钮后，在文本框内会出现一张图片，右击（或者按 Shift+F9 快捷键），选择"切换域代码"命令，出现域名，如图 2-41 所示。在域名中选中 11（域名可以任意设置，此处域名只是为修改域内容时方便操作，没有实际意义），选择"邮件合并"→"编写和插入域"→"插入合并域"→"照片"命令，则会对域的文件名 11 进行修改。

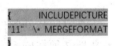

图 2-41   插入照片的域

此时不显示照片，等完成邮件合并所有步骤后此位置将会显示照片。

（7）预览信函。在任务窗格中单击"下一步：预览信函"按钮。在"预览信函"选项区域中单击"<"或">"按钮（图 2-42），可以查看所有人的信函。或者在"邮件"功能选项卡的"预览"组中单击"预览结果"按钮。

由于 Word 与 Excel 处理数据的方式不一致，所以可能会造成在使用 Word 邮件合并功能过程中，一些有小数点的字段在合并后，数据会变为 18 位（包含小数点），如第 2 页中的成绩 94 显示为 94.199999999999989。解决的办法：一是在 Excel 表中将此列的格式设置为文本；二是在此处右击，在弹出的快捷菜单中选择"切换域代码"命令或按 Shift+F9 快捷键。小数点位置出现域名，如 {·MERGEFIELD·培训总成绩·}，在域名后加上"\#"0""（英文状态），变成 {·MERGEFIELD·培训总成绩 \#"0"·} 的形式，再右击并选择"更新域"命令，此时数字就变成整数了。

（8）完成合并。在任务窗格中单击"下一步：完成合并"按钮。在任务窗格（图 2-43）"合并"选项区域中，可以根据实际需要单击"打印"或"编辑单个信函"按钮，完成合并。在本任务中单击"编辑单个信函"按钮，弹出"合并到新文档"对话框，在"合并记录"选项区域选择"全部"命令，单击"确定"按钮，则收件人信息自动添加到 Word 文档中，并合并生成一个新文档。在该文档中，每页中的证书信息均由数据库源自动创建生成。

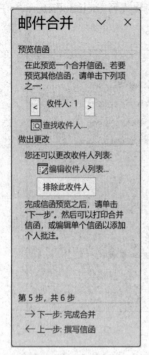

图 2-42 预览信函

图 2-43 完成合并

  带有照片的邮件合并完成后如果不显示照片，是因为在这种情况下邮件合并要求照片与文档必须在同一文件夹。将合并后的文档与照片保存在同一文档后，关闭此文档，再次打开文档，照片即可显示出来。

五、训练结果

  制作培训证书结果参考图 2-27。

综合实训 3　电子表格技术应用

训练 3.1　制作"员工薪酬表"

一、训练目的

（1）学会数据录入方法，掌握设置数据有效性的方法。
（2）学会公式的应用。
（3）学会使用 IF、SUM、AVERAGE、MAX、MIN 等函数。

训练 3.1　制作"员工薪酬表".mp4

二、训练内容

根据 ×× 公司情况，制作一份公司员工薪酬表。

三、训练环境

Windows 10、Microsoft Office 2021

四、训练步骤

1. 创建工作簿

（1）启动 Excel，打开 ×× 公司员工薪酬表，如图 3-1 所示。

员工号	月份	姓名	性别	部门	岗位工资	工龄/年	应发工资	保险	所得税	扣款合计	实发工资
\multicolumn{12}{c}{××公司员工薪酬表}										
2021030011		牟浩	男		¥12,345.00	12	¥13,545.00	¥1,354.50	¥120.45	¥1,474.95	¥12,070.05
2021030026		王宇樱			¥12,346.00	13	¥13,646.00	¥1,364.60	¥121.46	¥1,486.06	¥12,159.94
2021030036		葛秋霞			¥12,347.00	14	¥13,747.00	¥1,374.70	¥122.47	¥1,497.17	¥12,249.83
2021030037		陈敏			¥12,348.00	15	¥13,848.00	¥1,384.80	¥123.48	¥1,508.28	¥12,339.72
2021030038		杨丽			¥12,349.00	16	¥13,949.00	¥1,394.90	¥124.49	¥1,519.39	¥12,429.61
2021030045		胡万涛			¥12,350.00	17	¥14,050.00	¥1,405.00	¥125.50	¥1,530.50	¥12,519.50
2021030053		杨远芬			¥12,351.00	18	¥14,151.00	¥1,415.10	¥126.51	¥1,541.61	¥12,609.39
2021030054		孙薇			¥12,352.00	19	¥14,252.00	¥1,425.20	¥127.52	¥1,552.72	¥12,699.28
2021030055		梅萍			¥12,353.00	20	¥14,353.00	¥1,435.30	¥128.53	¥1,563.83	¥12,789.17
实发工资总计/元											¥111,866.49
个人所得税平均值/元									¥124.49		
扣款最大值/元										¥13,674.51	

图 3-1　×× 公司员工薪酬表

(2) 在"××公司员工薪酬表"中，限制"月份"的数据范围为1~12。在图3-1中，选中B4:B12数据区域，在"数据"功能选项卡的"数据工具"组中单击"数据验证"右下角的下拉按钮，在下拉菜单中选择"数据验证"命令，在打开的"数据验证"对话框的"设置"选项卡中，在"允许"下拉列表框中选择"整数"选项，在"数据"下拉列表框中选择"介于"选项，在"最小值"数据框中输入1，在"最大值"数据框中输入12，如图3-2所示。

图3-2 数据验证

在"数据验证"对话框中单击"输入信息"选项卡，在"标题"数据框中输入"提示"，在"输入信息"数据框中输入"请输入1~12的整数！"，如图3-3所示。

在打开的"数据验证"对话框中单击"出错警告"选项卡，在"样式"下拉列表框中选择"警告"选项，在"标题"数据框中输入"注意"，在"错误信息"数据框中输入"输入错误，请重新输入！"，如图3-4所示，单击"确定"按钮。

图3-3 输入信息

图3-4 出错警告

在进行了上述设置之后，当选中"月份"列任一单元格输入数据之前，会出现提示信息"请输入1~12的整数！"，如图3-5所示。当在B6单元格中输入13之后，按Enter键，

46

会出现如图 3-6 所示的警告框。

图 3-5　输入提示信息

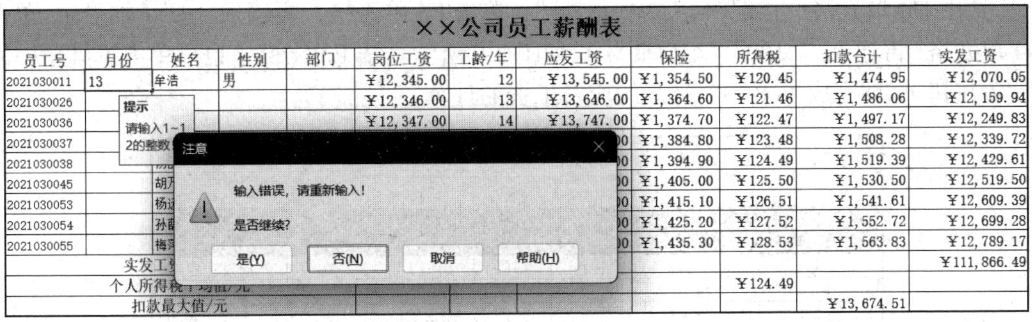

图 3-6　错误提示

（3）"性别""部门"列数据有效性的设置，在图 3-1 中，还可对"性别""部门"列设置数据有效性，选中 D4:D12 数据区域，在"数据"功能选项卡的"数据工具"组中单击"数据有效性"右下角的下拉按钮，在下拉菜单中选择"有效性"命令，打开"数据验证"对话框。

在打开的"数据验证"对话框的"设置"选项卡中，在"允许"下拉列表框中选择"序列"选项，在"来源"数据框中输入"男,女"（逗号为英文输入状态下符号），如图 3-7 所示，单击"确定"按钮。

在进行了上述设置之后，单击 D3 单元格就会出现下拉按钮，在下拉菜单中可以选择性别，如图 3-8 所示。

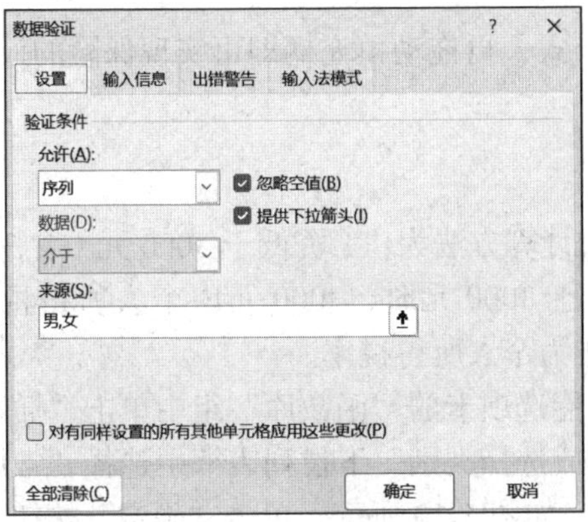

图 3-7　性别设置

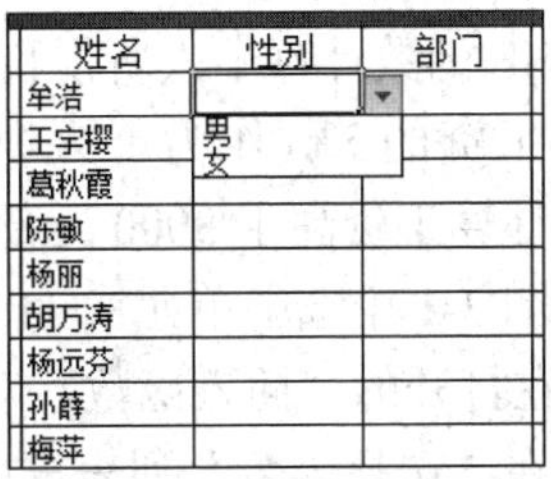

图 3-8　性别选择

（4）用同样的操作方式进行"部门"数据有效性的设置。

2. 公式的应用

公式是 Excel 表格中进行数值计算的等式。公式输入是以"="开始的，简单的公式有加、减、乘、除等计算，复杂一些的公式还可能包含函数。对于相同级别的运算符 Excel 表格默认是从左向右进行计算，如果需要改变公式的运算顺序，可以通过在公式中添加括号的方式来实现。

（1）应发工资的计算，公式如下：

$$应发工资 = 岗位工资 + 工龄 \times 100$$

选中 H4 单元格，在编辑栏中输入"="，单击 F4 单元格，再输入"+"（加号），单击 G4 单元格，再输入"*100"（*为乘号），如图 3-9 所示。按 Enter 键（也可单击工具栏中的"√"按钮），即完成了第一个员工的应发工资的计算。

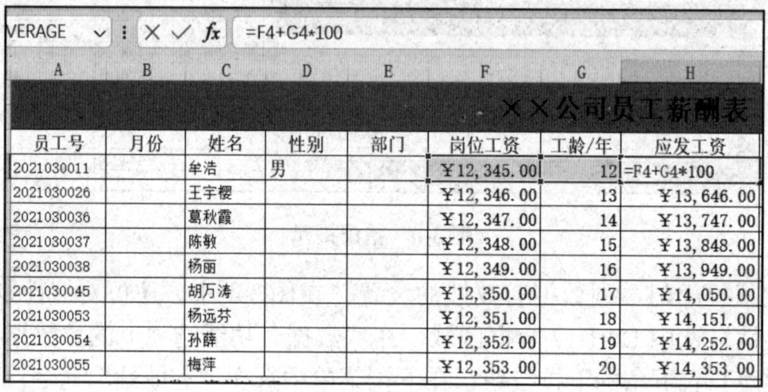

员工号	月份	姓名	性别	部门	岗位工资	工龄/年	应发工资
							××公司员工薪酬表
2021030011		牟浩	男		￥12,345.00	12	=F4+G4*100
2021030026		王宇樱			￥12,346.00	13	￥13,646.00
2021030036		葛秋霞			￥12,347.00	14	￥13,747.00
2021030037		陈敏			￥12,348.00	15	￥13,848.00
2021030038		杨丽			￥12,349.00	16	￥13,949.00
2021030045		胡万涛			￥12,350.00	17	￥14,050.00
2021030053		杨远芬			￥12,351.00	18	￥14,151.00
2021030054		孙薛			￥12,352.00	19	￥14,252.00
2021030055		梅萍			￥12,353.00	20	￥14,353.00

图 3-9　应发工资计算

其余员工应发工资的计算可通过拖动填充柄来实现。当光标移到 H4 单元格右下角，变成"黑十字"形状后，按住鼠标左键不放，拖动到 H12 单元格再松开左键，即可完成全部员工应发工资的计算。

（2）保险的计算，公式如下：

$$保险 = 应发工资 \times 10\%$$

参照应发工资计算的操作步骤，先输入公式，再拖动填充柄即可实现保险的计算。

3. 常用函数的应用

1）IF 函数的应用

用 IF 函数计算个人所得税，个人所得税的计算方法为：工资低于 3000 元（含 3000 元）时，以工资的 5‰ 作为个人所得税；工资高于 3000 元时，3000 元内个人所得税以工资的 5‰ 计算工资高于 3000 元部分，以 10‰ 作为个人所得税率。

在图 3-1 中选中单元格 J4，在"公式"功能选项卡的"函数库"组中单击"插入函数"按钮，在打开的"插入函数"对话框中，在"或选择类别"下拉列表框中选择"常用函数"选项，在"选择函数"列表框中选择 IF 函数，如图 3-10 所示，单击"确定"按钮。

图 3-10   "插入函数"对话框

在 Logical_test 文本框中输入 H4<=3000 表示判断的条件为工资是否超过 3000 元。

在 Value_if_true 文本框中输入 H4*0.005 表示工资不大于 3000 元时,所得税为应发工资的 5‰。

在 Value_if_false 文本框中输入 15+(H4-3000)*0.01 表示工资大于 3000 元时,所得税为 15 元(3000 元内个人所得税以工资的 5‰ 计算,结果为 15 元)加上超过 3000 元的部分,即 H4-3000 的所得税,按工资的 10‰ 计算,即 (H4-3000)*0.01,如图 3-11 所示。单击"确定"按钮,然后拖动填充柄即可实现所得税的计算。

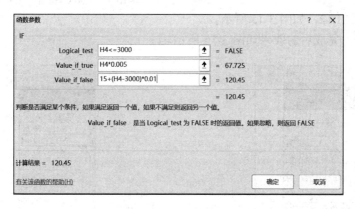

图 3-11   IF 函数的设置

2)常用函数的应用

在工作中,如果要计算某个单元格区域或多个不连续的单元格区域中的和、最大值、最小值、平均值等,可以使用 SUM、MAX、MIN、AVERAGE 函数。

(1)扣款合计的计算(扣款合计 = 各种保险 + 所得税)。计算结果如图 3-12 所示。

(2)实发工资的计算(扣款合计 = 各种保险 + 所得税)。计算结果如图 3-13 所示。

(3)实发工资总计的计算。选中 L13 单元格,单击"开始"功能选项卡中的"求和"下拉按钮,如图 3-14 所示。

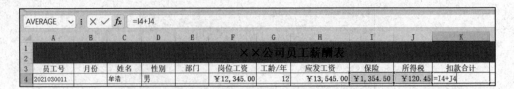

图 3-12　计算扣款合计

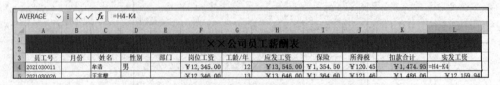

图 3-13　计算实发工资

图 3-14　插入求和

在下拉菜单中选择"求和"命令，可以看到单元格 L13 中已经插入了 SUM 函数，确认求和区域为 L3:L12，如图 3-15 所示。

按 Enter 键，完成后的效果如图 3-16 所示。

图 3-15　SUM 函数

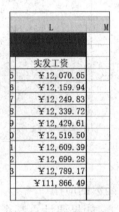

图 3-16　求和结果

（4）个人所得税平均值的计算。选中 J14 单元格，单击编辑栏左侧的"插入函数"按钮，在打开的"插入函数"对话框的"或选择类别"下拉列表框中选择"常用函数"选项，在"选择函数"列表框中选择 AVERAGE 函数，这时会打开 AVERAGE 的"函数参数"对话框。在 Number 1 文本框中输入 J4: J12，单击"确定"按钮，如图 3-17 所示，再单击"确定"按钮。

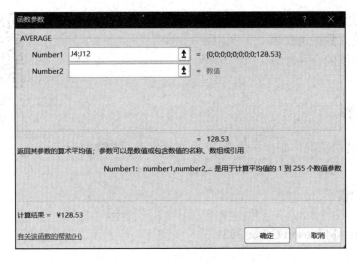

图 3-17 计算个人所得税平均值

（5）扣款最大值的计算,选中 K15 单元格,选择"开始"→"求和"→"最大值"命令。可以看到单元格 K15 中已经插入了 MAX 函数,确认求最大值区域为 K4: K12。

至此,完成了"××公司员工薪酬表"的制作。

五、训练结果

训练结果如图 3-18 所示。

员工号	月份	姓名	性别	部门	岗位工资	工龄/年	应发工资	保险	所得税	扣款合计	实发工资
							××公司员工薪酬表				
2021030011		牟浩	男		¥12,345.00	12	¥13,545.00	¥1,354.50	¥120.45	¥1,474.95	¥12,070.05
2021030026		王宇樱			¥12,346.00	13	¥13,646.00	¥1,364.60	¥121.46	¥1,486.06	¥12,159.94
2021030036		蕫秋霞			¥12,347.00	14	¥13,747.00	¥1,374.70	¥122.47	¥1,497.17	¥12,249.83
2021030037		陈鞅			¥12,348.00	15	¥13,848.00	¥1,384.80	¥123.48	¥1,508.28	¥12,339.72
2021030038		杨丽			¥12,349.00	16	¥13,949.00	¥1,394.90	¥124.49	¥1,519.39	¥12,429.61
2021030045		胡万涛			¥12,350.00	17	¥14,050.00	¥1,405.00	¥125.50	¥1,530.50	¥12,519.50
2021030053		杨远芬			¥12,351.00	18	¥14,151.00	¥1,415.10	¥126.51	¥1,541.61	¥12,609.39
2021030054		孙薛			¥12,352.00	19	¥14,252.00	¥1,425.20	¥127.52	¥1,552.72	¥12,699.28
2021030055		梅萍			¥12,353.00	20	¥14,353.00	¥1,435.30	¥128.53	¥1,563.83	¥12,789.17
实发工资总计/元											¥111,866.49
个人所得税平均值/元									¥124.49		
扣款最大值/元										¥13,674.51	

图 3-18 ××公司员工薪酬表训练结果

训练 3.2 制作"年度商品销售情况表"

一、训练目的

（1）掌握自动排序、自定义排序的方法。
（2）掌握数据自动筛选和高级筛选的方法。

（3）学会分类汇总。

（4）学会建立数据透视表。

（5）学会数据的合并计算。

训练 3.2　制作"年度商品销售情况表".mp4

二、训练内容

根据 ×× 公司情况，制作一份 ×× 公司年度商品销售情况表。

三、训练环境

Windows 10、Microsoft Office 2021

四、训练步骤

启动 Excel 后新建"工作簿 1"，在 Sheet1 中直接输入原始数据，通过公式计算"总计"，并进行表格各项设置。在 Sheet1 中对原始数据进行处理，最后要得到多个工作表，其操作主要通过工作表的复制完成。比如，要得到第二张"自动排序"工作表，先将"原始数据表"复制，得到"原始数据表（2）"，再将"原始数据表（2）"重命名为"自动排序"。同理复制得到"自定义排序""自动筛选""高级筛选""分类汇总"表。设置完成后，以"×× 公司年度商品销售情况表"为文件名进行保存。

1. 标题跨列居中

（1）打开已建立的工作簿。双击打开工作簿"×× 公司年度商品销售情况表 .xlsx"。

（2）单击 A1 单元格，按住左键不放拖动鼠标到 G17 单元格，选中 A1:G17 单元格区域，松开左键。在"开始"功能选项卡的"对齐方式"组中单击"合并后居中"右下角的下拉按钮，选择"跨越合并"命令，如图 3-19 所示。大标题跨列居中设置成功。

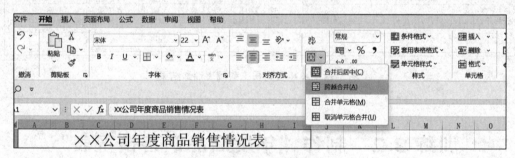

图 3-19　大标题跨列居中

2. 插入和删除工作表

在 Sheet2 这个工作表的标签右击，如图 3-20 所示。在出现的快捷菜单中选择"删除"命令，删除 Sheet2 工作表。

3. 复制工作表

（1）右击"原始数据表"工作表的标签，在出现的快捷菜单中选择"移动或复制…"命令，打开"移动或复制工作表"对话框。

（2）在"下列选定工作表之前"列表框中选择（移至最后),选中"建立副本"复选框，如图 3-21 所示。如果不选中"建立副本"复选框，则只完成工作表的移动操作，不会复制工作表。单击"确定"按钮完成设置，在"原始数据表"工作表的后面复制了一个名为"原始数据表（2）"的工作表。

（3）在工作表名"原始数据表（2）"上右击，选择"重命名"命令，如图 3-22 所示，将文字"原始数据表（2）"删除，重新输入文字"自动排序"，输入完后按 Enter 键，重命名完成。

图 3-20　删除工作表

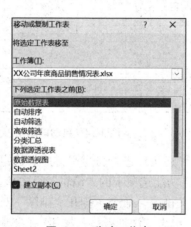

图 3-21　移动工作表

图 3-22　重命名工作表

（4）如上操作复制 4 个工作表后，重命名为"自动排序""自动筛选""高级筛选"和"分类汇总"。 操作完成后在工作簿"×× 公司年度商品销售情况表 .xlsx"中建立了各种工作表（每个工作表中都有数据且一样，皆为原始数据），如图 3-23 所示。

序号	品牌	型号	第一季度	第二季度	第三季度	第四季度	总计	备注
							×× 公司年度商品销售情况表　（单位：台）	
1	创维	65in彩电	100	150	150	180	580	
2	长虹	65in彩电	190	120	190	160	660	
3	海尔	65in彩电	120	150	130	300	700	
4	康佳	65in彩电	100	150	160	400	810	
5	海信	75in彩电	150	170	180	100	600	
6	创维	75in彩电	100	120	140	160	520	
7	海尔	75in彩电	120	150	170	180	620	
8	海尔	8kg洗衣机	80	100	120	150	450	
9	LG	8kg洗衣机	130	120	110	100	460	
10	小天鹅	8kg洗衣机	90	100	120	170	480	
11	美的	8kg洗衣机	100	150	150	180	580	
12	海尔	0kg洗衣机	190	120	190	160	660	
13	LG	0kg洗衣机	120	150	130	300	700	
14	小天鹅	0kg洗衣机	100	150	160	400	810	
15	西门子	0kg洗衣机	150	170	180	100	600	

图 3-23　×× 公司年度商品销售情况表

4. 数据排序

（1）自动排序。切换到"自动排序"工作表，将光标定位在"总计"列的任意单元格，在"开始"功能选项卡的"编辑"组中单击"排序和筛选"下的下拉按钮，在下拉菜单中选择"升序"命令，"总计"中的数据自动按升序排序显示，如图3-24所示。

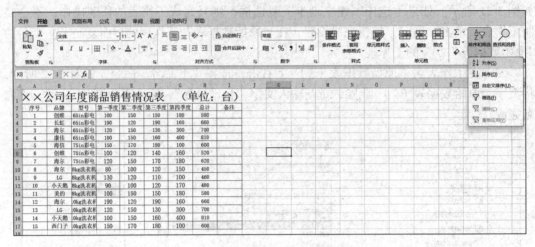

图 3-24　自动排序

（2）除了自动排序以外还可以进行自定义排序。选定"自动排序"工作表数据区域单元格（A2:I17），在"开始"功能选项卡的"编辑"组中单击"排序和筛选"下的下拉按钮，在下拉菜单中选择"自定义排序"命令，打开"排序"对话框，在"主要关键字"中选择"总计"，按"升序"排序；单击"添加条件"按钮，在"次要关键字"中选择"第一季度"，按"升序"排序，如图3-25所示，单击"确定"按钮，排序结果如图3-26所示。

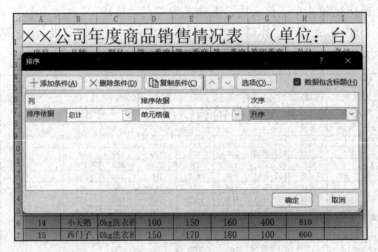

图 3-25　自定义排序

5. 数据筛选

（1）自动筛选。使用"自动筛选"表的数据，筛选出"第二季度"的销量大于120的记录。

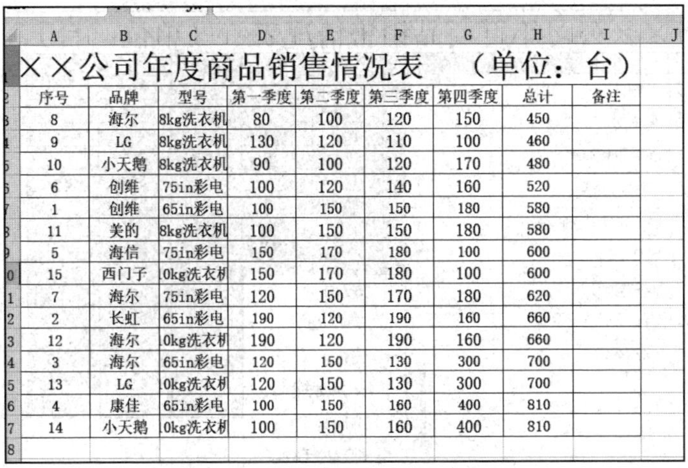

图 3-26　自定义排序结果（升序）

　　单击"自动筛选"标签，切换到"自动筛选"工作表，选定"自动筛选"工作表数据区域单元格（A2:I17），单击"数据"功能选项卡中的"筛选"按钮，打开筛选器，如图 3-27 所示。

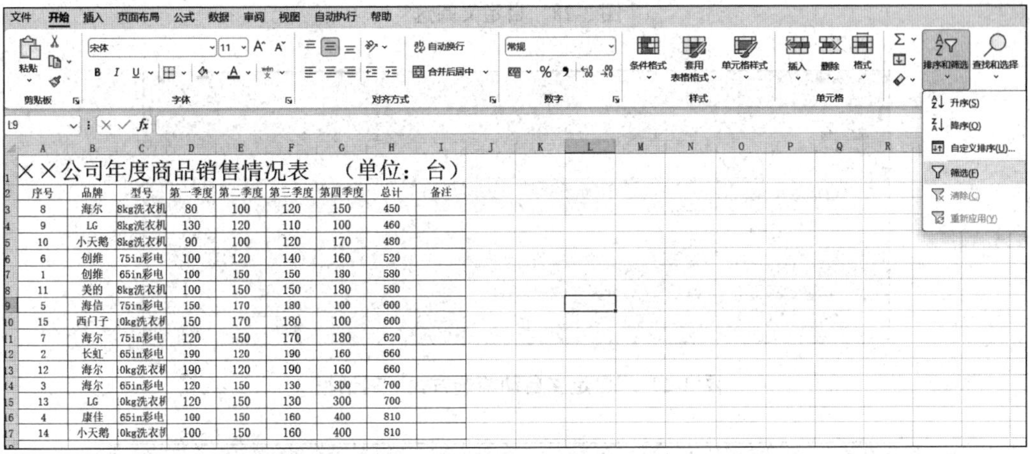

图 3-27　自动筛选

　　单击"第二季度"字段名后的自动筛选器，在弹出的下拉列表中选择"数字筛选"→"自定义筛选"命令，弹出"自定义自动筛选方式"对话框，如图 3-28 所示。

　　在对话框中"第二季度"下面的下拉表框中选择"大于"，在其右侧的下拉列表框中输入 120，如图 3-29 所示，单击"确定"按钮，返回工作表。

　　这时，工作表中不满足条件的行被隐藏起来了，筛选结果如图 3-30 所示。

　　（2）高级筛选。下面以"××公司年度商品销售情况表"为例，给出这样的条件：筛选出 65in 彩电、8kg 洗衣机、10kg 洗衣机三个产品"第四季度"销量不低于 200 的记录。具体操作如下。

　　选取"高级筛选"工作表中的任意空白单元格并填写条件区域，如 B20:C23。在

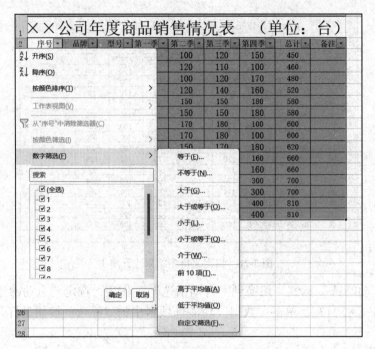

图 3-28 自定义筛选

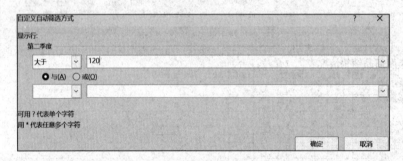

图 3-29 "自定义自动筛选方式"对话框

	A	B	C	D	E	F	G	H	I
1	××公司年度商品销售情况表 （单位：台）								
2	序号	品牌	型号	第一季	第二季	第三季	第四季	总计	备注
7	1	创维	65in彩电	100	150	150	180	580	
9	5	海信	75in彩电	150	170	180	100	600	
11	7	海尔	75in彩电	120	150	170	180	620	
14	3	海尔	65in彩电	120	150	130	300	700	
15	13	LG	10kg洗衣机	120	150	130	300	700	
16	4	康佳	65in彩电	100	150	160	400	810	
18									

图 3-30 自动筛选结果

A20 单元格输入"条件"两字；选中 B20:B3 单元格区域，分别填上"型号""65in 彩电"
"8kg 洗衣机"和"10kg 洗衣机"，选中 C20:C23 单元格区域，分别填上"第四季度"和
">=200"，如图 3-31 所示。

序号	品牌	型号	第一季度	第二季度	第三季度	第四季度	总计	备注
		××公司年度商品销售情况表				（单位：台）		
1	创维	65in彩电	100	150	150	180	580	
2	长虹	65in彩电	190	120	190	160	660	
3	海尔	65in彩电	120	150	130	300	700	
4	康佳	65in彩电	100	150	160	400	810	
5	海信	75in彩电	150	170	180	100	600	
6	创维	75in彩电	100	120	140	160	520	
7	海尔	75in彩电	120	150	170	180	620	
8	海尔	8kg洗衣机	80	100	120	150	450	
9	LG	8kg洗衣机	130	120	110	100	460	
10	小天鹅	8kg洗衣机	90	100	120	170	480	
11	美的	8kg洗衣机	100	150	150	180	580	
12	海尔	10kg洗衣机	190	120	190	160	660	
13	LG	10kg洗衣机	120	150	130	300	700	
14	小天鹅	10kg洗衣机	100	150	160	400	810	
15	西门子	10kg洗衣机	150	170	180	100	600	

条件	型号	第四季度
	65in彩电	>=200
	8kg洗衣机	>=200
	10kg洗衣机	>=200

图 3-31　筛选条件

在"数据"功能选项卡的"排序和筛选"组中单击"高级"按钮，如图 3-32 所示。

图 3-32　单击"高级"按钮

在"高级筛选"对话框中，选中"将筛选结果复制到其他位置"单选按钮，分别选取"列表区域"和"条件区域"，"复制到"位置可选取 A25 单元格，设置如图 3-33 所示。选取的列表区域和条件区域内必须包含标题行。

图 3-33　高级筛选

单击"确定"按钮，筛选后在 A25 单元格开始显示符合条件的结果，如图 3-34 所示。

4								
5	序号	品牌	型号	第一季度	第二季度	第三季度	第四季度	总计	备注
6	3	海尔	65in彩电	120	150	130	300	700	
7	4	康佳	65in彩电	100	150	160	400	810	
8	13	LG	10kg洗衣机	120	150	130	300	700	
9	14	小天鹅	10kg洗衣机	100	150	160	400	810	
0								

图 3-34 高级筛选结果

6. 分类汇总

下面以"××公司年度设备销售情况表"为例,按"型号"统计"第一季度""第二季度""第三季度"和"第四季度"销量的平均值。

(1)选取"分类汇总"工作表,将光标定位于"型号"列的任一单元格,在"开始"功能选项卡的"编辑"组中单击"排序和筛选"的下拉按钮,在下拉菜单中选择"升序"命令(也可选"降序"),按"产品"进行排序,如图 3-35 所示。

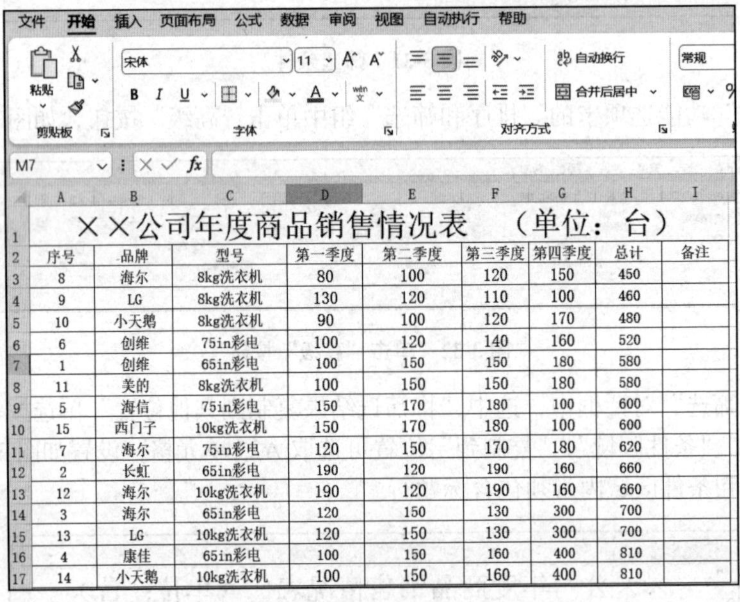

图 3-35 产品排序

(2)选中 A2:I17 单元格区域,在"数据"功能选项卡的"分级显示"组中单击"分类汇总"按钮,打开"分类汇总"对话框。

(3)在"分类字段"下拉列表框中选择"型号",在"汇总方式"下拉列表框中选择"平均值",在"选定汇总项"列表框中选定"第一季度""第二季度""第三季度"和"第四季度"选项,如图 3-36 所示。

单击"确定"按钮,得到的汇总结果如图 3-37 所示。

其中 + 是"显示明细数据符号";- 是"隐藏明细数据符号"。

123 为分级显示标记:单击 1 只显示总的汇总值;单击 2 显示各类的汇总值;单击 3 显示所有的明细数据。

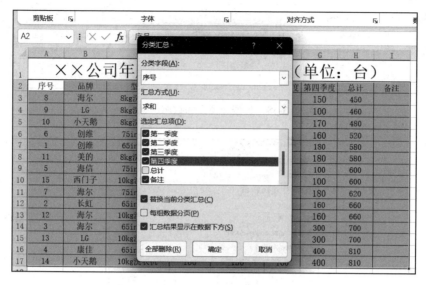

图 3-36　分类汇总

	A	B	C	D	E	F	G	H	I	J
1		××公司年度商品销售情况表					（单位：台）			
2	序号	品牌	型号	第一季度	第二季度	第三季度	第四季度	总计	备注	
3	12	海尔	10kg洗衣机	190	120	190	160	660		
4	13	LG	10kg洗衣机	120	150	130	300	700		
5	14	小天鹅	10kg洗衣机	100	150	160	400	810		
6	15	西门子	10kg洗衣机	150	170	180	100	600		
7			10kg洗衣机 平均值	140	147.5	165	240			
8	1	创维	65in彩电	100	150	150	180	580		
9	2	长虹	65in彩电	190	120	190	160	660		
10	3	海尔	65in彩电	120	150	130	300	700		
11	4	康佳	65in彩电	100	150	160	400	810		
12			65in彩电 平均值	127.5	142.5	157.5	260			
13	5	海信	75in彩电	150	170	180	100	600		
14	6	创维	75in彩电	100	120	140	160	520		
15	7	海尔	75in彩电	120	150	170	180	620		
16			75in彩电 平均值	123.3333	146.6666667	163.333	146.667			
17	8	海尔	8kg洗衣机	80	100	120	150	450		
18	9	LG	8kg洗衣机	130	120	110	100	460		
19	10	小天鹅	8kg洗衣机	90	100	120	170	480		
20	11	美的	8kg洗衣机	100	150	150	180	580		
21			8kg洗衣机 平均值	100	117.5	125	150			
22			总计平均值	122.6667	138	152	202.667			

图 3-37　分类汇总结果

7. 数据透视表（图）的应用

（1）建立数据源。在"××公司年度商品销售情况表"中新建两个工作表，分别重命名为"数据透视表"和"数据透视图"。

（2）建立数据透视表。选定"数据源"表中数据区域内任意单元格，在"插入"功能选项卡中的"数据透视表"和"数据透视图"均在状态栏，如图 3-38 所示。

在"数据透视表"选项组中选中"表格和区域"单选按钮，拖动鼠标光标回到"原始数据表"，选定 A2:I17 单元格区域，选中"现有工作表"，再单击"数据透视表"工作表标签和 A1 单元格（表示建立的数据透视表放置于"数据透视表"工作表中，并从 A1 单元格开始放），如图 3-39 所示。

图 3-38 数据透视图和数据透视表

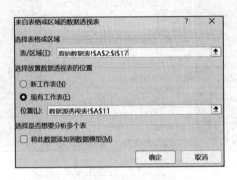

图 3-39 创建数据透视表选项

在图 3-39 中单击"确定"按钮,如图 3-40 所示。

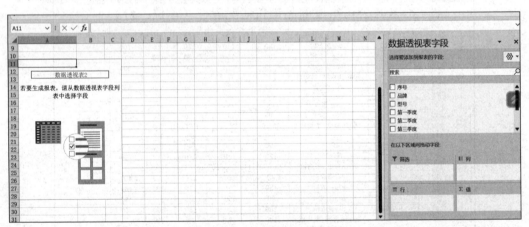

图 3-40 创建数据透视表

在图 3-40 中用鼠标拖动对话框右侧的"品牌"字段按钮,将其放置到"行"区域;拖动"型号"字段放置到"行"区域;拖动"第四季度"字段到"值"区域,如图 3-41 所示。

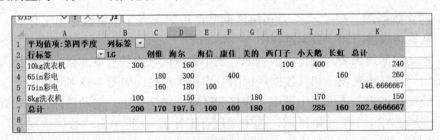

图 3-41 数据透视表

若要对各季度的数据求平均值,可单击"值"区域"求和项:第四季度"右侧的下拉按钮,选中"值字段设置",打开"值字段设置"对话框,在"值字段汇总方式"列表框中选择"平均值",如图 3-42 所示。单击"确定"按钮,返回到"布局"对话框,"求和"项被改为"平均值"项。

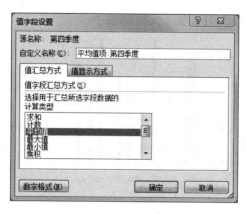

图 3-42　值字段设置

(3)建立数据透视图。选定"数据源"表中数据区域内的任意单元格,在"插入"功能选项卡的"表格"组中单击"数据透视表"的下拉按钮,选择"数据透视图",弹出"创建数据透视图"对话框。

在"请选择要分析的数据"选项组中选中"请选择单元格区域"单选按钮,拖动鼠标选定 A2:F13 单元格区域。在"请选择放置数据透视表的位置"选项组中选中"现有工作表"单选按钮,单击"现有工作表"下方的 ▣ 按钮,再单击"数据透视图"工作表的 A1 单元格(表示建立的数据透视表放置于"数据透视图"工作表中,并从 A1 单元格开始放),与前面相似。

单击"确定"按钮,开始创建数据透视图,在工作区出现"图表 1"图表区,如图 3-43 所示。

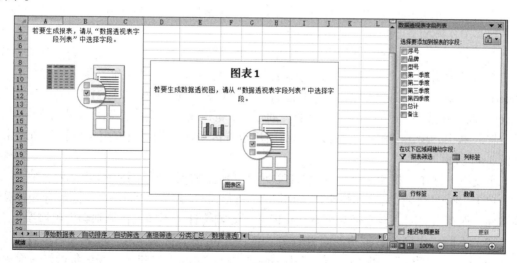

图 3-43　开始创建数据透视图

在图 3-43 中，用鼠标拖动对话框右侧的"型号"字段按钮，将其放置到右下侧"列标签"区域；拖动"品牌"字段放置到"行标签"区域；拖动"总计"字段到"数值"区域，生成了数据透视表和数据透视图，结果如图 3-44 所示。

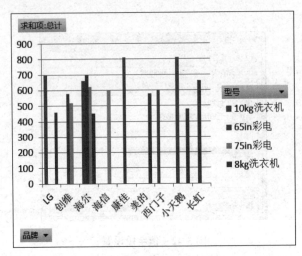

图 3-44　生成的数据透视图

8. 数据合并计算

Office 表格提供了两种合并计算的方法：一种是对同一工作簿的数据进行合并计算，这种情况适用于源数据位置存在差异而进行数据汇总；另一种是对不同工作簿的数据进行合并计算，这种情况适用于源数据位置在不同数据表中且具有相同的位置而进行数据汇总。

（1）同一工作簿的数据进行合并计算。利用"××公司上半年各市场设备销售情况表"和"××公司下半年各市场设备销售情况表"，合并计算完成"××公司全年各市场设备销售情况表"的统计，具体操作如下。

建立工作簿"工作簿 1"，在 Sheet1 工作表中输入数据源，如图 3-45 所示。合并计算的结果从 C16 单元格开始放置，第 14、15 行是合并结果的标题和表头。合并计算完成后以"同一工作簿的合并计算"文件名保存。

单击 C16 单元格，在"数据"功能选项卡的"数据工具"组中单击"合并计算"按钮，打开"合并计算"对话框，在"函数"下拉列表框选择"求和"函数。然后选择 Sheet1 中 C3:F11 单元格区域，"引用位置"框出现"Sheet1!$C$3:$F$11"字样。回到 Excel 界面直接选中，返回到"合并计算"对话框，可以看到"引用位置"区域出现在"引用位置"框中，单击"添加"按钮，当前引用位置区域添加到"所有引用位置"列表中，如图 3-46 所示。

重复以上操作，将 Sheet1 中 J3:M11 单元格区域添加到"所有引用位置"列表中。

单击"确定"按钮，完成合并计算，如图 3-47 所示，将工作簿以"同一工作簿的合并计算"为文件名保存后关闭。会发现品牌有变化但并不影响统计（不同工作簿则会发生错误）。

（2）不同工作簿的数据进行合并计算。依次建立三个新工作簿，取名为"工作簿 4""工作簿 5""工作簿 6"。将"工作簿 3"中 Sheet1"××公司上半年各市场设备销售情况表"

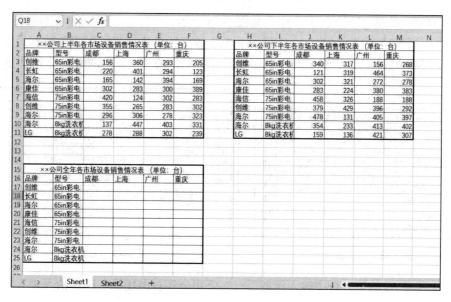

图 3-45 输入数据源

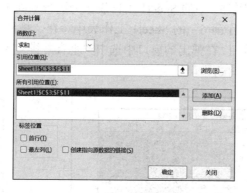

图 3-46 合并计算

		××公司上半年各市场设备销售情况表 （单位：台）							××公司下半年各市场设备销售情况表 （单位：台）			
品牌	型号	成都	上海	广州	重庆		品牌	型号	成都	上海	广州	重庆
创维	65in彩电	156	360	293	205		创维	65in彩电	340	317	156	268
长虹	65in彩电	220	401	294	423		长虹	65in彩电	121	319	464	373
海尔	65in彩电	165	142	397	169		海尔	65in彩电	302	321	272	278
康佳	65in彩电	302	283	300	389		康佳	65in彩电	283	224	380	383
海信	75in彩电	420	124	302	283		海信	75in彩电	458	326	188	188
创维	75in彩电	355	265	283	302		创维	75in彩电	379	429	396	292
海尔	75in彩电	296	306	278	323		海尔	75in彩电	478	131	405	397
海尔	8kg洗衣机	137	447	403	331		海尔	8kg洗衣机	354	233	413	402
LG	8kg洗衣机	278	288	302	239		LG	8kg洗衣机	159	136	421	307

		××公司全年各市场设备销售情况表 （单位：台）			
品牌	型号	成都	上海	广州	重庆
创维	65in彩电	496	677	449	473
长虹	65in彩电	341	720	758	796
海尔	65in彩电	467	463	669	447
康佳	65in彩电	585	507	680	772
海信	75in彩电	878	450	490	471
创维	75in彩电	734	694	679	594
海尔	75in彩电	774	437	683	720
海尔	8kg洗衣机	491	680	816	733
LG	8kg洗衣机	437	424	723	546

图 3-47 合并计算结果

数据复制到"工作簿 4"的 Sheet1 中，如图 3-48 所示。

将"工作簿 3"中 Sheet1"××公司下半年各市场设备销售情况表"数据复制到"工作簿 5"的 Sheet1 中，然后将 C2:F2 城市换成和"工作簿 4"一样，如图 3-49 所示。

××公司上半年各市场设备销售情况表（单位：台）					
品牌	型号	成都	上海	广州	重庆
创维	65in彩电	156	360	293	205
长虹	65in彩电	220	401	294	423
海尔	65in彩电	165	142	397	169
康佳	65in彩电	302	283	300	389
海信	75in彩电	420	124	302	283
创维	75in彩电	355	283	283	302
海尔	75in彩电	296	306	278	323
海尔	8kg洗衣机	137	447	403	331
LG	8kg洗衣机	278	288	302	239

图 3-48　工作簿 4

××公司下半年各市场设备销售情况表（单位：台）					
品牌	型号	成都	上海	广州	重庆
创维	65in彩电	340	317	156	268
长虹	65in彩电	121	319	464	373
海尔	65in彩电	302	321	272	278
康佳	65in彩电	283	224	380	383
海信	75in彩电	458	326	188	188
创维	75in彩电	379	429	396	292
海尔	75in彩电	478	131	405	397
海尔	8kg洗衣机	354	233	413	402
LG	8kg洗衣机	159	136	421	307

图 3-49　工作簿 5

在"工作簿 6"的第 1 行中输入标题"××公司全年各市场设备销售情况表"，如图 3-50 所示。

"工作簿 4"和"工作簿 5"中的 Sheet1 工作表作为进行不同工作簿合并计算的数据源，合并计算结果将放于"工作簿 6"的 Sheet1 工作表中。在"视图"功能选项卡的"窗口"组中单击"全部重排"按钮，在弹出的窗口中选中"垂直并排"单选按钮，如图 3-51 所示。

××公司全年各市场设备销售情况表（单位：台）					
品牌	型号	成都	上海	广州	重庆
创维	65in彩电	496	677	449	473
长虹	65in彩电	341	720	758	796
海尔	65in彩电	467	463	669	447
康佳	65in彩电	585	507	680	772
海信	75in彩电	878	450	490	471
创维	75in彩电	734	694	679	594
海尔	75in彩电	774	437	683	720
海尔	8kg洗衣机	491	680	816	733
LG	8kg洗衣机	437	424	723	546

图 3-50　工作簿 6

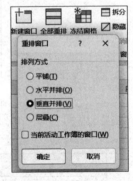

图 3-51　重排窗口

单击"确定"按钮，三张表放入同一窗口之中，如图 3-52 所示。

将光标定位于"工作簿 6"的 A2 单元格，在"数据"功能选项卡的"数据工具"组中单击"合并计算"按钮，打开"合并计算"对话框，在"函数"下拉列表框选择"求和"函数。单击"引用位置"框右侧的 🔼 按钮，然后选择"工作簿 4"中 A2:F11 单元格区域，"引用位置"框出现"[工作簿 4]Sheet1!$A$2:$F$11"字样。

单击"引用位置"框右侧的 🔽 按钮，返回到"合并计算"对话框，可以看到"引用位置"区域出现在"引用位置"框中，单击"添加"按钮，当前引用位置区域添加到"所有引用位置"列表中。重复以上操作，将"工作簿 5"中 A2:F11 单元格区域添加到"所有引用位置"列表中。在"标签位置"中，选中"首行"和"最左列"复选框，如图 3-53 所示。

单击"确定"按钮，完成合并计算，"工作簿 6"的 Sheet1 工作表从图 3-52 变成图 3-54 所示。

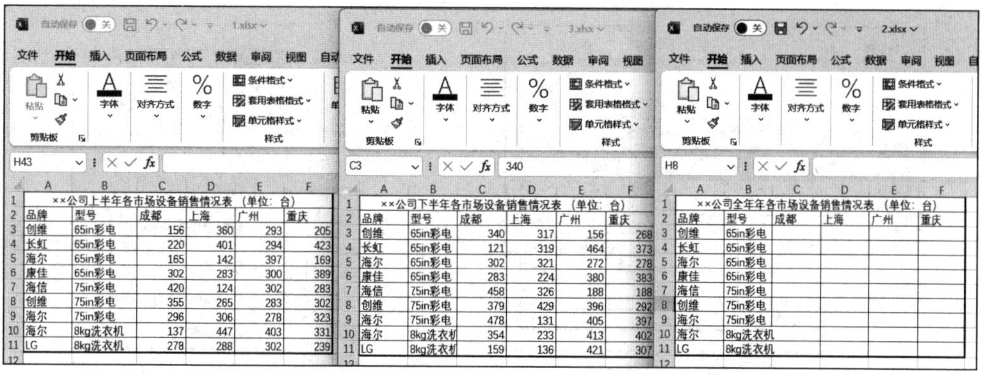

图 3-52　垂直并排三张表

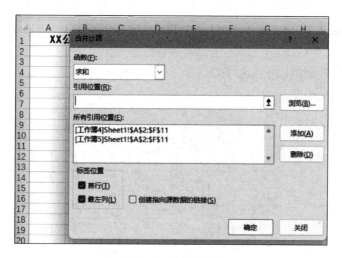

图 3-53　合并计算

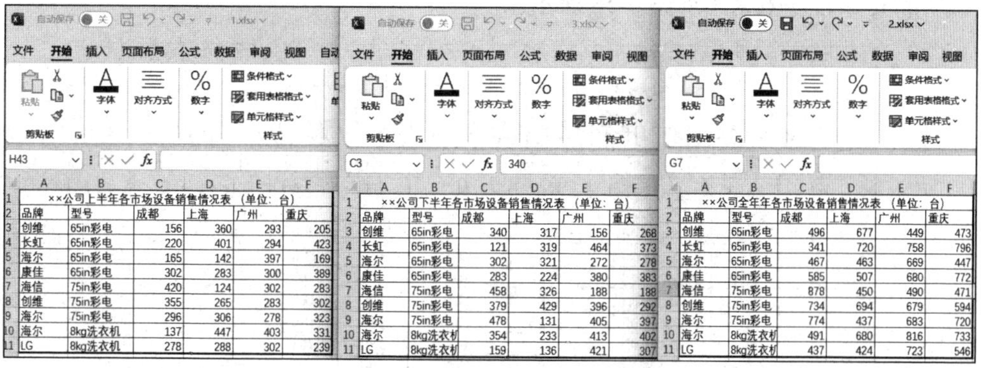

图 3-54　完成合并计算

如图 3-55 所示，选中"工作簿 6"中 Sheet1 工作表的 A2:F11 单元格区域，在"开始"功能选项卡的"字体"组中单击 ⊞ 按钮，添加"所有框线"；选中数据区，在"开始"功能选项卡的"单元格"组中单击"格式"下拉按钮，选择"自动调整行高 / 自动调整列宽"命令，如图 3-56 所示。

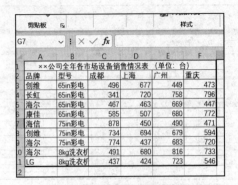

图 3-55　添加"所有框线"

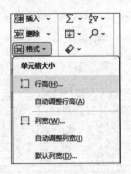

图 3-56　自动调整行高和列宽

五、训练结果

（1）自动排序效果图如图 3-57 所示。

图 3-57　自动排序效果图

（2）自定义排序效果图如图 3-58 所示。

序号	品牌	型号	第一季度	第二季度	第三季度	第四季度	总计	备注
\multicolumn{9}{c}{××公司年度商品销售情况表　（单位：台）}
4	康佳	65in彩电	100	150	160	400	810	
14	小天鹅	10kg洗衣机	100	150	160	400	810	
3	海尔	65in彩电	120	150	130	300	700	
13	LG	10kg洗衣机	120	150	130	300	700	
2	长虹	65in彩电	190	120	190	160	660	
12	海尔	10kg洗衣机	190	120	190	160	660	
7	海尔	75in彩电	120	150	170	180	620	
5	海信	75in彩电	150	170	180	100	600	
15	西门子	10kg洗衣机	150	170	180	100	600	
1	创维	65in彩电	100	150	150	180	580	
11	美的	8kg洗衣机	100	150	150	180	580	
6	创维	75in彩电	100	150	140	160	520	
10	小天鹅	8kg洗衣机	90	100	120	170	480	
9	LG	8kg洗衣机	130	120	110	100	460	
8	海尔	8kg洗衣机	80	100	120	150	450	

图 3-58　自定义排序效果图

（3）自动筛选效果图如图 3-59 所示。

序号	品牌	型号	第一季度	第二季度	第三季	第四季	总计	备注
1	创维	65in彩电	100	150	150	180	580	
2	长虹	65in彩电	190	120	190	160	660	
3	海尔	65in彩电	120	150	130	300	700	
4	康佳	65in彩电	100	150	160	400	810	
5	海信	75in彩电	150	170	180	100	600	
6	创维	75in彩电	100	120	140	160	520	
7	海尔	75in彩电	120	150	170	180	620	
8	海尔	8kg洗衣机	80	100	120	150	450	
9	LG	8kg洗衣机	130	120	110	100	460	
10	小天鹅	8kg洗衣机	90	100	120	170	480	
11	美的	8kg洗衣机	100	150	150	180	580	
12	海尔	10kg洗衣机	190	120	190	160	660	
13	LG	10kg洗衣机	120	150	130	300	700	
14	小天鹅	10kg洗衣机	100	150	160	400	810	
15	西门子	10kg洗衣机	150	170	180	100	600	

图 3-59　自动筛选效果图

（4）高级筛选效果图如图 3-60 所示。

序号	品牌	型号	第一季度	第二季度	第三季度	第四季度	总计	备注
3	海尔	65in彩电	120	150	130	300	700	
4	康佳	65in彩电	100	150	160	400	810	
13	LG	10kg洗衣机	120	150	130	300	700	
14	小天鹅	10kg洗衣机	100	150	160	400	810	

图 3-60　高级筛选效果图

（5）分类汇总效果图如图 3-61 所示。

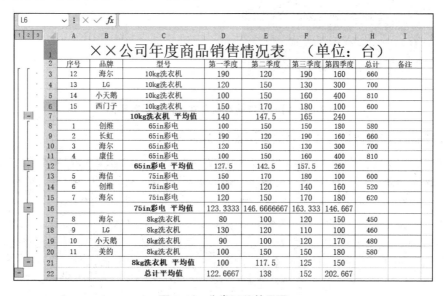

图 3-61　分类汇总效果图

（6）数据表透视图效果图如图 3-62 所示。

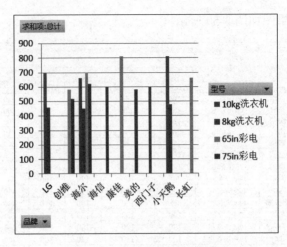

图 3-62　数据表透视图效果图

（7）同一工作簿数据合并计算效果图如图 3-63 所示。

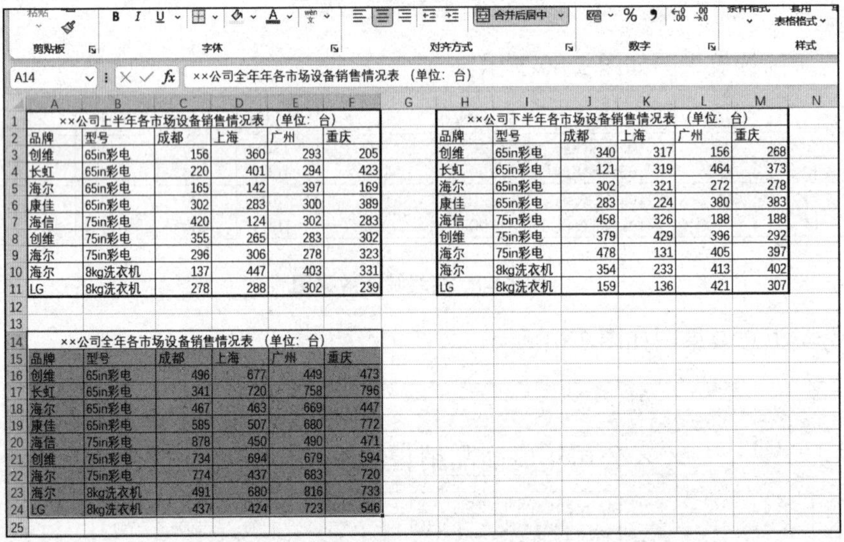

图 3-63　同一工作簿数据合并计算结果效果图

（8）不同工作簿数据合并计算效果图如图 3-64 所示。

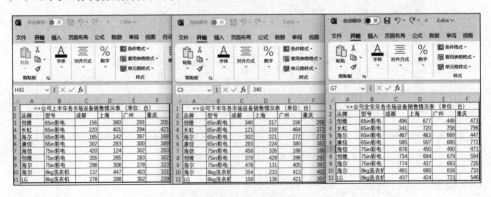

图 3-64　不同工作簿数据合并计算效果图

训练 3.3　制作和保护 "销售情况表"

一、训练目的

训练 3.3　制作和保护 "销售情况表".mp4

（1）掌握插入图表的方法。
（2）学会编辑图表。
（3）学会建立邮件合并数据源。
（4）学会邮件合并。
（5）学会保护工作簿、工作表。

二、训练内容

根据 ×× 公司情况，制作和保护 "销售情况表"。

三、训练环境

Windows 10、Microsoft Office 2021

四、训练步骤

1. 图表创建和编辑

（1）双击打开 "家电市场上半年销售情况 .xlsx"，如图 3-65 所示，单击 A 列列标，按住鼠标左键不放拖动到 L 列，选中 A:L 列区域，松开左键。在 "开始" 功能选项卡的 "字体" 组中单击 "水平居中" "垂直居中" 按钮。然后选中 A2:L22，在 "开始" 功能选项卡的 "字体" 组中单击 田 · 按钮，从弹出的下拉列表中选择 "所有框线" 选项。

序号	姓名	销售种类	创维电视机/台	长虹空调/台	海尔冰箱/台	小天鹅洗衣机/台	总销售额/元
1	李平	家电	156	293	205	340	994
2	张小江	家电	220	294	423	121	1058
3	宁夏	家电	165	397	169	302	1033
4	江海	家电	302	300	389	283	1274
5	江河	家电	420	302	283	458	1463
6	李命	家电	355	283	302	379	1319
7	李明朝	家电	296	278	323	478	1375
8	贺朝	家电	137	403	331	354	1225
9	谢俞	家电	278	302	239	159	978
10	江河	家电	420	302	283	458	1463
11	蒋承	家电	360	317	156	268	1101
12	张零零	家电	401	319	464	373	1557
13	王云飞	家电	142	321	272	278	1013
14	凌风	家电	283	224	380	383	1270
15	赵之叶	家电	124	326	188	188	826
16	白芷	家电	265	429	396	292	1382
17	张明希	家电	306	131	405	397	1239
18	李海东	家电	447	233	413	402	1495
19	陈君临	家电	288	136	421	307	1152
20	张鸣衡	家电	229	338	429	412	1408

图 3-65　家电市场上半年销售情况

69

（2）将文件以"家电销售情况表"为文件名另存。继续进行另存为操作，以"图表操作"为文件名进行保存。

2. 创建柱状图

（1）打开"家电市场上半年销售情况"中的 Sheet1 工作表，在"插入"功能选项卡的"图表"组中单击"柱形图"按钮🔳旁的下拉按钮，单击"二维柱形图"中的第一个图形，如图 3-66 所示。

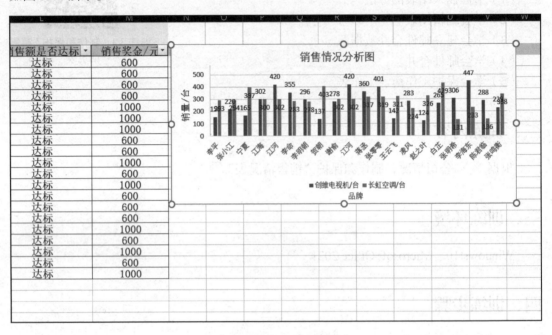

图 3-66　插入二维柱形图

（2）在插入的二维柱形图表的边框线上按住鼠标左键，拖动到一边，然后在"图表设计"功能选项卡的"数据"组中单击"选择数据"按钮，如图 3-67 所示，打开"选择数据源"对话框，如图 3-68 所示。

（3）单击"图表数据区域"框右边的扩展选择按钮，在工作表中用鼠标拖动选中 B2:B22 和 D2:E22。水平轴标签（分类）里面，"姓名"自动被设为横坐标类别；"创维电视机"和"长虹空调"自动作为图例项（系列）。单击"确定"按钮，可生成所选数据的柱形图，如图 3-69 所示。

3. 编辑柱状图

（1）改变数据源，要求增加"海尔冰箱"数据。在"图表设计"功能选项卡的"数据"组中单击"选择数据"按钮，打开"选择数据源"对话框，单击"图表数据区域"框右边的扩展选择按钮，重新在工作表中用鼠标拖动选中 B2:B22 和 D2:F22（或者直接把 $D$3:$E$22 的 E 改成 F 也可以），单击"确定"按钮，如图 3-70 所示。

（2）更改图表类型，要求将图表类型改为"条形图"。在图表上右击，在弹出的快捷菜单中选择"更改图表类型"命令，打开"更改图表类型"对话框，选中"条形图"中第1 个图形"簇状条形图"，如图 3-71 所示。

图 3-67 "选择数据"按钮

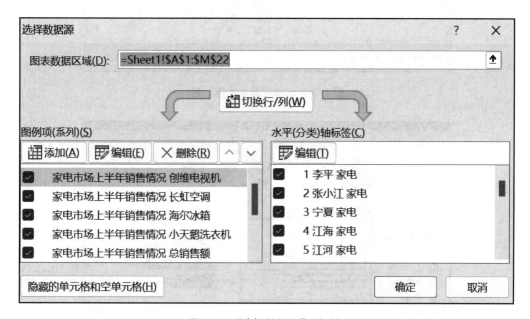

图 3-68 "选择数据源"对话框

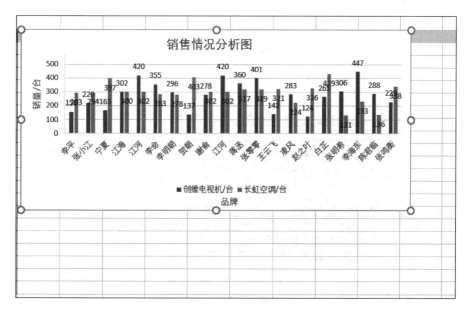

图 3-69 生成柱形图

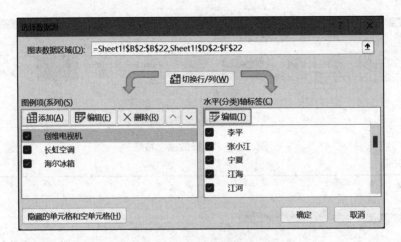

图 3-70　增加"海尔冰箱"列

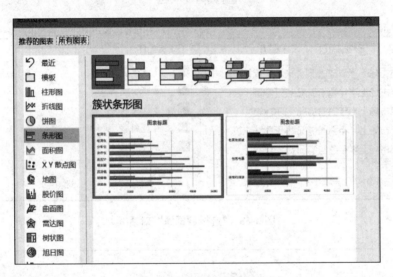

图 3-71　更改图表类型

（3）单击"确定"按钮，得到了新的图表，如图 3-72 所示。

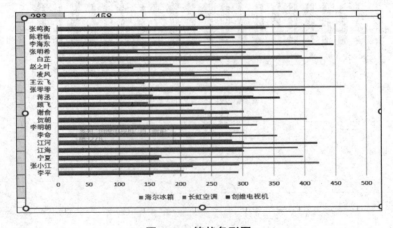

图 3-72　簇状条形图

（4）改变图表布局。单击"图表设计"功能选项卡中的"图表布局"按钮，然后按Ctrl+Z 快捷键两次（或者单击快速访问工具栏中的"撤销"按钮两次）变回原来的柱状图。

（5）要求增加图表标题为"销售情况分析图"，横坐标为"品牌"，纵坐标为"销量"，并将刻度最大值设为 500。单击"图表设计"功能选项卡中的"图表布局"按钮，单击"添加图表元素"下拉列表框，单击列表中的"图表标题"，选择"图表上方"，然后输入文字"销售情况分析图"，如图 3-73 所示。

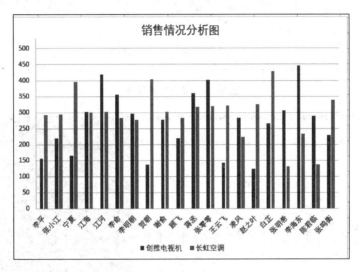

图 3-73　增加图表标题

单击"图表设计"功能选项卡中的"图表布局"按钮，单击"添加图表元素"下拉列表框，选择列表中的"坐标轴标题"→"主要横坐标轴"命令，如图 3-74 所示，然后输入文字"品牌"。用类似的方式添加"主要纵坐标轴"标题为"销量"，如图 3-75 所示。

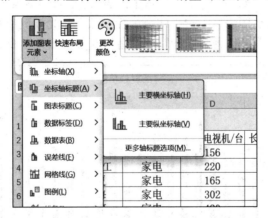

图 3-74　坐标轴标题

（6）改变纵坐标的刻度。右击图表上的刻度，在弹出的列表中选择"设置坐标轴格式"，打开"设置坐标轴格式"对话框，在此可进行最小值、最大值和单位刻度设置。将最小值设为 0，最大值设为 500，单位"大"刻度间隔设为 100，如图 3-76 所示。

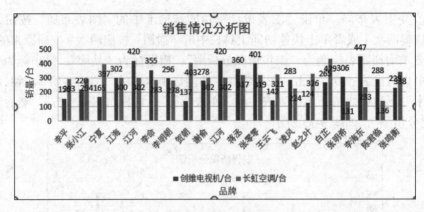

図 3-75 横纵标题设置

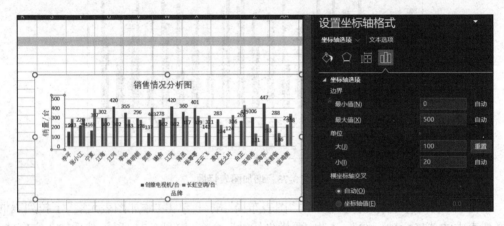

图 3-76 坐标轴属性

（7）改变图形大小。如图 3-77 所示，选中图表区，这时候图表区四周出现 8 个控制点，鼠标移到刻度 500 右边、图表区上边中间那个控制点上，光标变成双箭头，按住鼠标左键往下拖动，将图表区缩小，以便显示标题"销售情况分析图"以及添加"数据标签"。

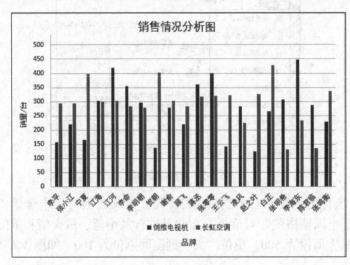

图 3-77 改变图形大小

（8）添加"数据标签"，长虹空调销量添加"数据标签内"，创维电视机销量添加"数据标签外"。在"图表设计"功能选项卡的"添加元素"组中单击"数据标签"按钮，选择"数据标签外"命令，此时长虹空调和创维电视机的数据标签都在数据标签外有重叠影响效果。选中图表区的长虹空调柱状图，选择"添加图表元素"→"数据标签"→"数据标签内"命令，将长虹空调数据标签设置在数据标签内，如图 3-78 所示。

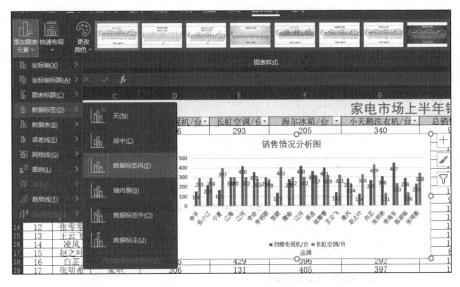

图 3-78　添加"数据标签"

另外，使用"格式"功能选项卡可以对图表的形状样式、艺术字样式等进行设置。右击图表，弹出快捷菜单，选择"设置图表区格式"，在"属性"对话框中单击"填充"，选择"渐变填充"；单击"色标颜色"右边的下拉按钮，选择"橙色"。改变后如图 3-79 所示。

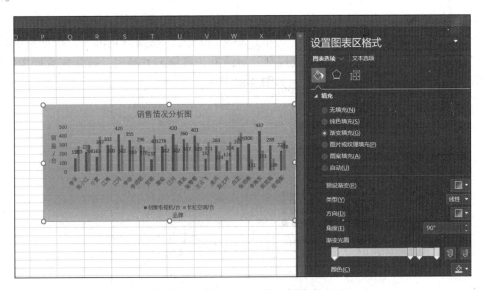

图 3-79　渐变色填充效果

4. 美化工作表

单一的工作表看起来不太直观,需要对工作表进行美化,让表格变得更漂亮,更便于阅读,能更清晰地传递信息。

(1)使用条件格式。在应用工作表时,数据格式会根据数据情况自动变化,以提醒用户数据的特殊性,这就是 Excel 提供的"条件格式"功能选项卡的功能。将长虹空调销售量低于 250(包含)单元格底纹设置为橙色,淡色 60%;高于 250 且低于 500 的单元格底纹设置为蓝色,淡色 60%。

选择长虹空调列,在"开始"功能选项卡的"样式"组中单击"条件格式"按钮,在下拉列表中选择"色阶"→"其他规则"命令,在"新建格式规则"对话框中选择"只为包含以下内容的单元格设置格式",如图 3-80 所示。

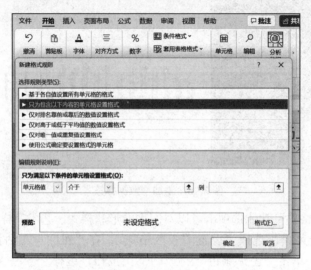

图 3-80 "新建格式规则"对话框

在"编辑规则说明"中输入条件"介于 0 到 250",单击"格式"按钮,在"设置单元格格式"对话框中包含设置字体、边框、填充等格式,找到填充选项,根据要求设置,单击"确定"按钮,返回"新建格式规则"对话框,再单击"确定"按钮完成操作,同上操作设置条件为"介于 251 到 500",如图 3-81 所示。

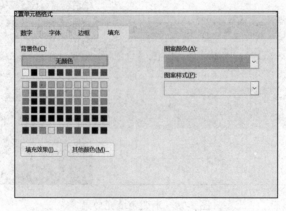

图 3-81 "设置单元格格式"对话框

规则确定后，选择的单元格数据格式一旦变化，Excel 会自动判断是否符合条件从而改变格式。

（2）设置指定单元格背景颜色，将序号为 1、5、10、15、20 数据行设置为绿色，淡色 60%。选择序号为 1、5、10、15、20 数据行，在“开始”功能选项卡的“字体”组中设置单元格背景填充颜色为绿色，淡色 60%，如图 3-82 所示。

序号	姓名	销售种类		空调/台	海尔冰箱/台	小天鹅洗衣机/台	总销售额/元	销售评分
1	李平	家电		293	205	340	994	
2	张小江	家电		294	423	121	1058	
3	宁夏	家电		397	169	302	1033	
4	江海	家电		300	389	283	1274	
5	江河	家电		302	283	458	1463	
6	李命	家电		283	302	379	1319	
7	李明朝	家电	296	278	323	478	1375	
8	贺朝	家电	137	403	331	354	1225	
9	谢俞	家电	278	302	239	159	978	
10	江河	家电	420	302	283	458	1463	
11	蒋永	家电	360	317	156	268	1101	
12	张雯雯	家电	401	319	464	373	1557	
13	王云飞	家电	142	321	272	278	1013	
14	凌风	家电	283	224	380	383	1270	
15	赵之叶	家电	124	326	188	188	826	
16	白花	家电	265	429	396	292	1382	
17	张明希	家电	306	131	405	397	1239	
18	李海东	家电	447	233	413	402	1495	
19	陈君临	家电	288	136	421	307	1152	
20	张鸣衡	家电	229	338	429	412	1408	

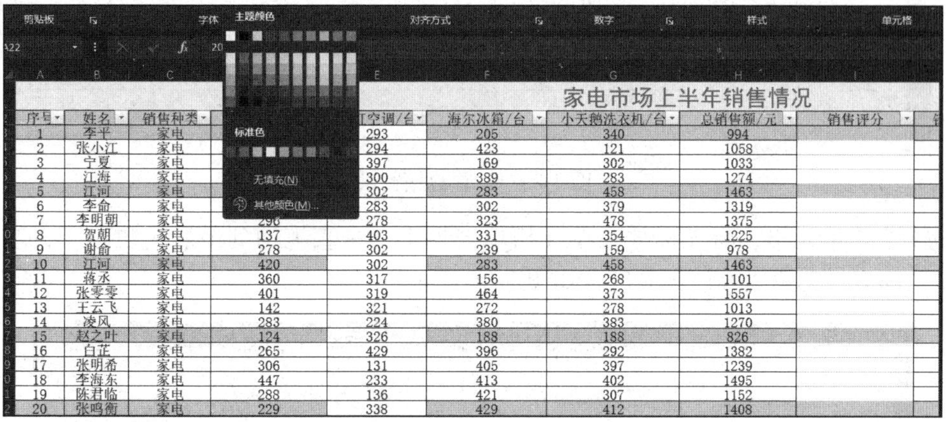

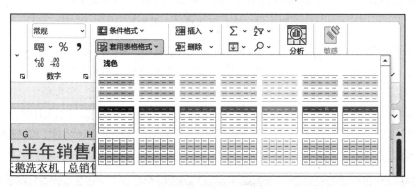

图 3-82　指定单元格背景色

5. 套用样式

Excel 提供了预设的工作表样式，用户也可以自己创建样式。

选择 A2:L22 单元格区域，在“开始”功能选项卡的“样式”组中单击“套用表格格式”按钮，在下拉菜单中选择预设的或自己创建的样式，在“创建表”对话框中确定“表数据的来源”，单击“确定”按钮，如图 3-83 和图 3-84 所示。

图 3-83　套用表格格式

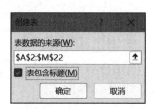

图 3-84　数据源

当其他工作表要使用这些样式时，可套用表格预设的样式，不仅节约时间，而且提高工作效率，同时使表格符合数据库表单的要求。

6. 计算销售情况

（1）计算总销售额。选择 H3 单元格，在单元格输入“=SUM()”，然后选择 D3:G3 单元格区域，按 Enter 键或单击编辑栏中的“√”按钮确认，得到结果 990，如图 3-85 所示。

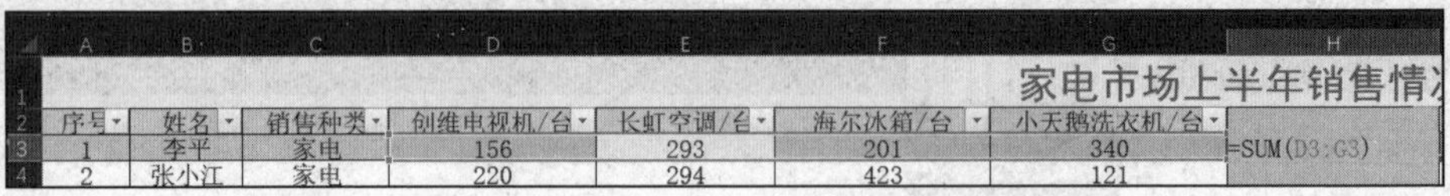

序号	姓名	销售种类	创维电视机/台	长虹空调/台	海尔冰箱/台	小天鹅洗衣机/台	
1	李平	家电	156	293	201	340	=SUM(D3:G3)
2	张小江	家电	220	294	423	121	

图 3-85 计算总销售额

选择 H3 单元格，将光标放在单元格填充柄上，一直拖动到最后一位员工的单元格 H22，全部人员总销售额计算完成，如图 3-86 所示。

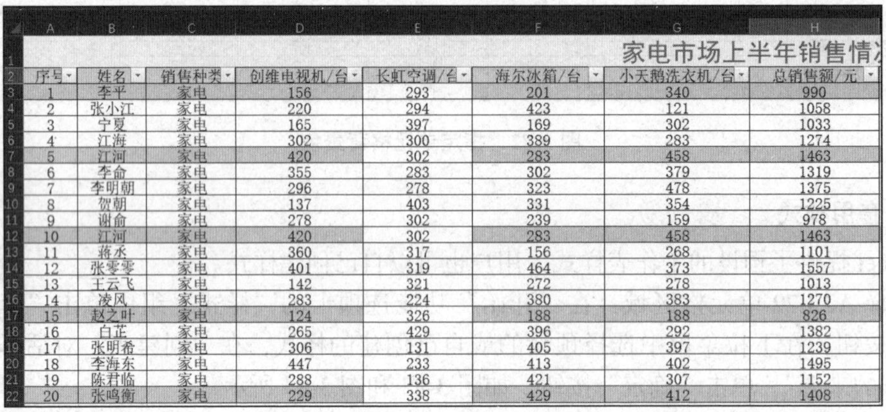

序号	姓名	销售种类	创维电视机/台	长虹空调/台	海尔冰箱/台	小天鹅洗衣机/台	总销售额/元
1	李平	家电	156	293	201	340	990
2	张小江	家电	220	294	423	121	1058
3	宁夏	家电	165	397	169	302	1033
4	江海	家电	302	300	389	283	1274
5	江河	家电	420	302	283	458	1463
6	李命	家电	355	283	302	379	1319
7	李明朝	家电	296	278	323	478	1375
8	贺朝	家电	137	403	331	354	1225
9	谢俞	家电	278	302	239	159	978
10	江河	家电	420	302	283	458	1463
11	蒋丞	家电	360	317	156	268	1101
12	张零零	家电	401	319	464	373	1557
13	王云飞	家电	142	321	272	278	1013
14	凌风	家电	283	224	380	383	1270
15	赵之叶	家电	124	326	188	188	826
16	白芷	家电	265	429	396	292	1382
17	张明希	家电	306	131	405	397	1239
18	李海东	家电	447	233	413	402	1495
19	陈君临	家电	288	136	421	307	1152
20	张鸣衡	家电	229	338	429	412	1408

图 3-86 填充所有总销售额数据

（2）计算销售排名。选择 I3 单元格，在单元格输入“=RANK()”，RANK 统计函数是用来排序在单元格引用区域中的位次，格式是“=RANK（排序参数,单元格引用区域参数,升降序参数）”，选择 H3 单元格作为排序参数，选择 H3:H22 作为单元格引用区域参数,默认为降序；引用区域应设置为绝对引用，因为 I 列单元格都要与 H3:H22 单元格关联，使用相对引用时，区域会发生改变而产生错误值，因此此时应用绝对引用 $H$3:$H$22（按 F4 键则自动加上 $），如图 3-87 所示。

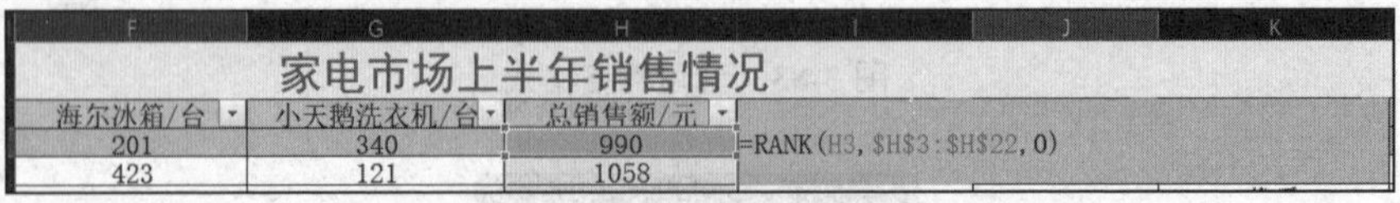

海尔冰箱/台	小天鹅洗衣机/台	总销售额/元	
201	340	990	=RANK(H3, $H$3:$H$22, 0)
423	121	1058	

图 3-87 计算销售排名

选择 I3 单元格，将光标放在单元格填充柄上，一直拖动到最后一位员工的单元格 I22，全部人员销售排名计算完成，如图 3-88 所示。

（3）计算等级评定。选择 J3 单元格，在单元格输入“=IF()”，IF 逻辑函数是根据条件参数结果返回参数 1 或参数 2，格式是 "=IF(条件参数 , 返回参数 1, 返回参数 2)"，条件参数设置销售排名前 4 名为优秀，5~12 名为良好，13~20 名为合格，如图 3-89 所示。

销售排名 ▾
18
15
16
9
3
8
7
12
19
3
14
1
17
10
20
6
11
2
13
5

图 3-88 填充所有销售排名数据

=IF(J3>=14,"优秀",IF(J3>=12,"良好","合格"))

图 3-89 计算等级评定

选择 J3 单元格，将光标放在单元格填充柄上，一直拖动到最后一位员工的单元格 J22，全部人员等级计算完成，如图 3-90 所示。

市场上半年销售情况				
总销售额/元 ▾	销售评分 ▾	销售排名 ▾	等级评定 ▾	销售额是否达标 ▾
990		18	优秀	达标
1058		15	优秀	达标
1033		16	优秀	达标
1274		9	合格	达标
1463		3	合格	达标
1319		8	合格	达标
1375		7	合格	达标
1225		12	良好	达标
978		19	优秀	达标
1463		3	合格	达标
1101		14	优秀	达标
1557		1	合格	达标
1013		17	优秀	达标
1270		10	合格	达标
826		20	优秀	达标
1382		6	合格	达标
1239		11	合格	达标
1495		2	合格	达标
1152		13	良好	达标
1408		5	合格	达标

图 3-90 填充所有等级评定数据

（4）计算销售额是否达标。选择 K3 单元格，在单元格输入 "=IF()"，条件参数设置总销售额达到 500 元及以上为达标，否则为不达标，如图 3-91 所示。

=IF(H3>=500,"达标",""不达标")

图 3-91 计算销售额是否达标

选择 K3 单元格，将光标放在单元格填充柄上，一直拖动到最后一位员工的单元格 K22，全部人员销售额是否达标计算完成，如图 3-92 所示。

销售排名	等级评定	销售额是否达标
18	优秀	达标
15	优秀	达标
16	优秀	达标
9	合格	达标
3	合格	达标
8	合格	达标
7	合格	达标
12	良好	达标
19	优秀	达标
3	合格	达标
14	优秀	达标
1	合格	达标
17	优秀	达标
10	合格	达标
20	优秀	达标
6	合格	达标
11	合格	达标
2	合格	达标
13	良好	达标
5	合格	达标

图 3-92　填充所有销售额是否达标数据

（5）计算销售奖金。选择 L3 单元格，在单元格输入“=IF()”，条件参数设置总销售额达到 1300 元及以上奖金为 1000 元，达到 700 元及以上奖金为 600 元，否则奖金为 300 元，如图 3-93 所示。

```
=IF(H3>=1300, 1000, IF(H3>=700, 600, 300))
```

图 3-93　计算销售奖金

选择 L3 单元格，将光标放在单元格填充柄上，一直拖动到最后一位员工的单元格 L22，全部人员销售奖金计算完成，如图 3-94 所示。

销售排名	等级评定	销售额是否达标	销售奖金/元
18	优秀	达标	600
15	优秀	达标	600
16	优秀	达标	600
9	合格	达标	600
3	合格	达标	1000
8	合格	达标	1000
7	合格	达标	1000
12	良好	达标	600
19	优秀	达标	600
3	合格	达标	1000
14	优秀	达标	600
1	合格	达标	1000
17	优秀	达标	600
10	合格	达标	600
20	优秀	达标	600
6	合格	达标	1000
11	合格	达标	600
2	合格	达标	1000
13	良好	达标	600
5	合格	达标	1000

图 3-94　填充所有销售奖金数据

7. 邮件合并

邮件合并用于套用信函和大量邮件的处理，在此任务中将完成通知书的填写。“邮件合并”功能选项卡并不是一定要你发邮件，它的意思是先建立两个文档，即一个包括所有文件共有内容的主文档和一个包括变化信息的数据源。然后在主文档中插入变化的信息。

合成后的新文件可以保存为 Office 文档，也可以打印出来，还可以用邮件形式发送出去。

（1）建立邮件合并数据源，新建 Office 表格工作簿，以"邮件合并数据源（家电销售情况表）"为文件名进行保存。

（2）将"图表操作"工作簿中 Sheet1 工作表的数据复制到"邮件合并数据源（家电销售情况表）"工作簿的 Sheet1 工作表中，并将首行的标题行删除，如图 3-95 所示。

（3）建立进行邮件合并的主文档，打开桌面上的"邮件合并主文档.docx"。内容如图 3-96 所示。

序号	姓名	销售种类	长虹空调/台	海尔冰箱/台	小天鹅洗衣机/台	总销售额/元	销售评分	销售排名	等级评定
1	李平	家电	293	201	340	990		18	优秀
2	张小江	家电	294	423	121	1058		15	优秀
3	宁夏	家电	397	169	302	1033		16	优秀
4	江海	家电	300	389	283	1274		9	合格
5	江河	家电	302	283	458	1463		3	合格
6	李命	家电	283	302	379	1319		8	合格
7	李明朝	家电	278	323	478	1375		7	合格
8	贺朝	家电	403	331	354	1225		12	良好
9	谢俞	家电	302	239	159	978		19	优秀
10	江河	家电	302	283	458	1463		3	合格
11	蒋水	家电	317	156	268	1101		14	优秀
12	张零零	家电	319	464	373	1557		1	合格
13	王云飞	家电	321	272	278	1013		17	优秀
14	凌风	家电	224	380	383	1270		10	优秀
15	赵之叶	家电	326	188	188	826		20	优秀
16	白芷	家电	429	396	292	1382		6	合格
17	张明希	家电	131	405	397	1239		11	合格
18	李海东	家电	233	413	402	1495		2	合格
19	陈君临	家电	136	421	307	1152		13	良好
20	张鸣衡	家电	338	429	412	1408		5	合格

图 3-95　邮件合并数据源

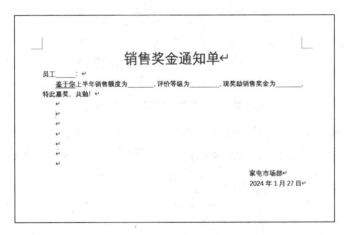

图 3-96　"邮件合并主文档.docx"内容

（4）开始邮件合并，在"邮件合并主文档.docx"文档中单击"邮件"功能选项卡中的"开始邮件合并"按钮，选择"邮件合并分步向导"命令，如图 3-97 所示。弹出"邮件合并"对话框，然后选中"信函"单选按钮。

（5）在"选择收件人"对话框中，选中"使用现有列表"单选按钮。选中"家电"Excel工作簿，单击"打开"按钮。单击"编辑收件人列表"功能选项卡中的"收件人"按钮，在"邮件合并收件人"对话框查看收件人列表，在收件人列表中列出了表格中的数据，可以通过选中序号前的复选框来选择收件人，如图 3-98 所示，单击"确定"按钮关闭对话框。

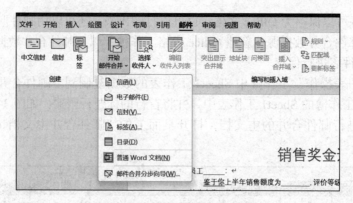

图 3-97 "邮件"功能选项卡

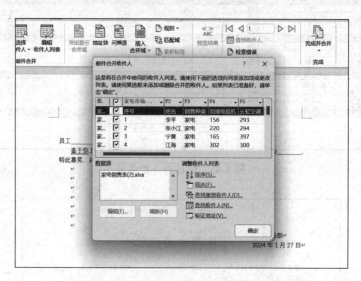

图 3-98 "邮件合并收件人"对话框

（6）如图 3-99 所示，在文档中将光标定位在"员工"后面，单击"下一步：撰写信函"按钮，单击"其他项目"选项，在"插入合并域"对话框的"域"列表中选择"姓名"。

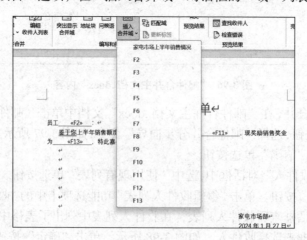

图 3-99 插入合并域

（7）在"插入合并域"对话框中单击"插入"按钮，再单击"关闭"按钮，则在"邮件合并主文档"文档中的"员工"之后加上了"姓名"，如图 3-100 所示，这样员工名就插入好了。

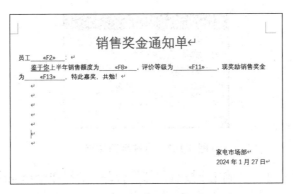

图 3-100　"姓名"域

（8）参照第（4）、（5）步插入"总销售额""销售排名""等级评定""销售奖金"，插入后单击"预览结果"按钮，效果如图 3-101 所示。

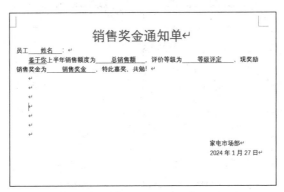

图 3-101　插入域效果图

（9）单击"下一步：预览信函"按钮可以查看数据，生成了第一张销售奖金通知单，如图 3-102 所示。

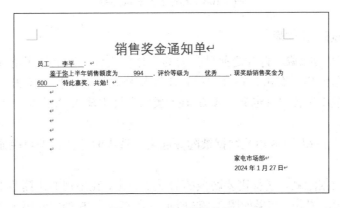

图 3-102　第一张销售函

83

（10）在"邮件合并"功能选项卡中单击"下一步：完成合并"按钮，选择"编辑单个信函"，在"合并到新文档"对话框的"合并记录"中默认选中"全部"单选按钮，如图 3-103 所示。

图 3-103　合并到新文档

（11）在图 3-103 中单击"确定"按钮，"邮件合并"的操作全部完成，生成了新文档"文字文稿 1"，包含 20 页，共计 20 份通知，如图 3-104 所示。把邮件合并的新文档"信函 1"以"邮件合并结果"为文件名进行保存。

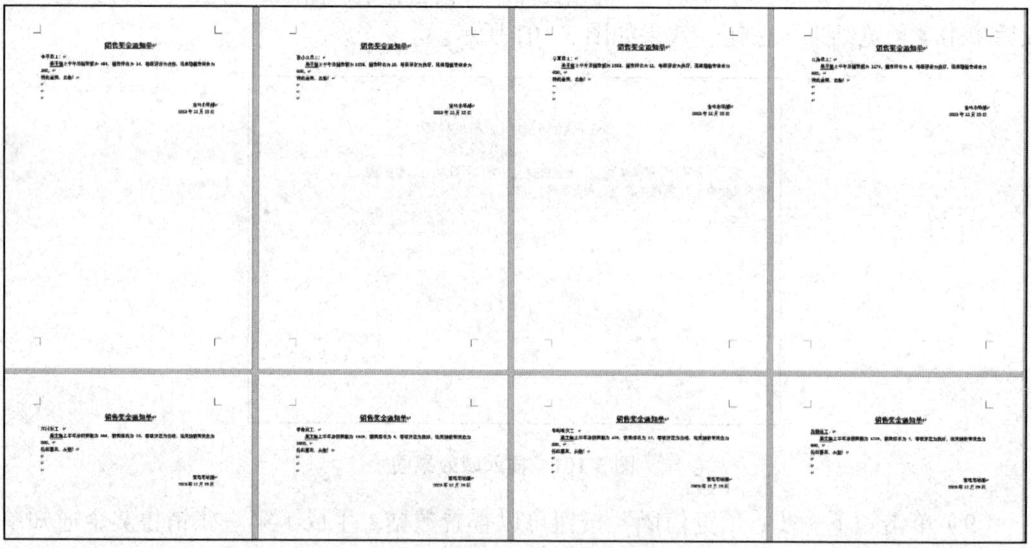

图 3-104　邮件合并完成效果

8. 保护工作簿、工作表

（1）单元格数据隐藏。打开之前另存为的工作簿文件"家电销售情况表"。单击选择需要隐藏的 D4 单元格。右击，打开"设置单元格格式"对话框。单击"数字"选项卡，在"分类"列表框中选择"自定义"选项，在"类型"框中输入";;;"（三个英文半角分号），如图 3-105 所示。

单击"确定"按钮，D4 单元数据被隐藏起来，选中时才会在编辑栏显示，如图 3-106 所示。

（2）列、行数据隐藏。选择需要隐藏的 D 列，右击，在出现的快捷菜单中选择"隐藏"命令，完成列的隐藏操作，结果如图 3-107 所示。在 C 列与 E 列之间出现了一条粗的竖线。

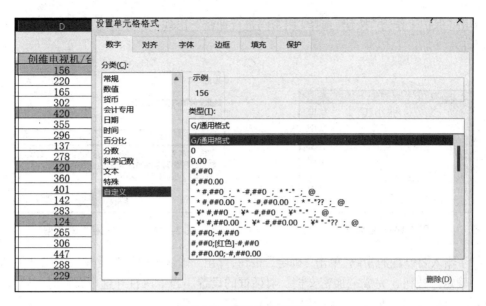

图 3-105　单元格格式设置

销售种类	创维电视机/台	长虹空调/台
家电	156	293
家电	220	294
家电	165	397
家电	302	300
家电	420	302
家电	355	283
家电	296	278
家电	137	403
家电	278	302
家电	420	302
家电	360	317
家电	401	319
家电	142	321
家电	283	224
家电	124	326
家电	265	429
家电	306	131
家电	447	233
家电	288	136
家电	229	338

图 3-106　单元格数据隐藏

		家电市场工
虹空调/台	海尔冰箱/台	小天鹅洗衣机/台
293	205	340
294	423	121
397	169	302
300	389	283
302	283	458
283	302	379
278	323	478
403	331	354
302	239	159
302	283	458
317	156	268
319	464	373
321	272	278
224	380	383

图 3-107　隐藏列

选中需要隐藏的第 6 行，右击，在出现的快捷菜单中选择"隐藏"命令，完成行的隐藏操作，结果如图 3-108 所示。在第 5 行与第 7 行中出现了一条粗的竖线。

（3）取消行、列隐藏。如果要取消行隐藏，同时选中第 5 行与第 7 行（取消列隐藏则同时选中 C 列和 E 列），再右击，在出现的快捷菜单中选择"取消隐藏"命令，即可取消隐藏操作。

9. 保护工作簿

Office 表格是功能强大的电子表格，而且广泛应用于各行各业的财务、统计、预算等领域，防止数据的泄密和被非法修改就变得非常重要。

（1）单击需要保护的工作簿"家电销售情况表"。在"文件"功能选项卡的"信息"

组中单击"保护工作簿"按钮,选择"用密码进行加密",出现"加密文档"对话框,如图 3-109 所示。

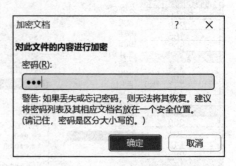

图 3-108　隐藏行　　　　　　图 3-109　"加密文档"对话框

（2）输入要设置的密码,单击"确定"按钮,弹出"确认密码"对话框,如图 3-110 所示,单击"确定"按钮,完成"加密文档"对话框的设置。当下次打开这个文件时,就会弹出"密码"对话框,必须输入正确的保护密码才能打开文件。

10. 保护工作表

设置保护工作表后如果工作表中的某些区域允许其他用户编辑,可利用"允许用户编辑区域"按钮来实现。

（1）单击需要保护的工作簿"家电销售情况表",单击"审阅"功能选项卡中的"保护工作簿"按钮,出现"保护结构和窗口"对话框,如图 3-111 所示,输入密码后,单击"确定"按钮,弹出"确认密码"对话框,在"重新输入密码"文本框中输入密码,单击"确定"按钮。

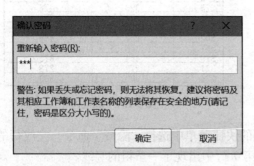 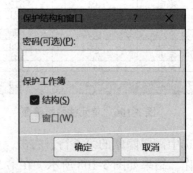

图 3-110　"确认密码"对话框　　　　图 3-111　"保护结构和窗口"对话框

（2）单击"审阅"功能选项卡中的"允许编辑区域"按钮,出现"允许用户编辑区域"对话框,如图 3-112 所示,单击"新建"按钮。

（3）在"新区域"对话框中单击"引用单元格"框右侧的 ![icon] 按钮,然后选择 E3:L22 单元格区域,如图 3-113 所示。单击"确定"按钮。"区域密码"为可选项。如果不提供密码,则任何用户都可以取消对工作表的保护并更改受保护的元素。

（4）这时将回到"允许用户编辑区域"对话框中,单击"保护工作表"按钮（或者单击"确定"按钮后,再单击"审阅"功能选项卡中的"保护工作表"按钮）,打开"保护工作表"

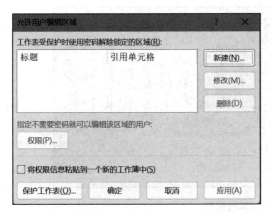

图 3-112　"允许用户编辑区域"对话框

图 3-113　"新区域"对话框

对话框，如图 3-114 所示，进行保护设置并输入密码后。单击"确定"按钮，弹出"确认密码"对话框，再次确认密码即可。

（5）这样保护后，被授权的用户可编辑前面设置的允许编辑的区域，其他区域则不能进行编辑操作，试图更改编辑保护区域时，会弹出提示框，提示用户进行更改时需要如何操作，如图 3-115 所示。

图 3-114　"保护工作表"对话框

图 3-115　编辑保护区域时弹出的提示框

五、训练结果

（1）柱状图效果图如图 3-116 所示。

（2）计算销售情况效果图如图 3-117 所示。

（3）邮件合并效果图如图 3-118 所示。

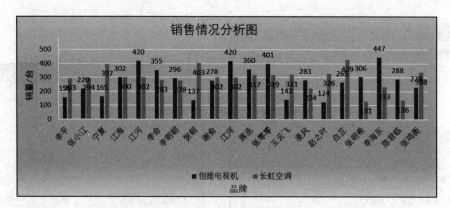

图 3-116　柱形图效果图

销售排名	等级评定	销售额是否达标	销售奖金/元
18	优秀	达标	600
15	优秀	达标	600
16	优秀	达标	600
9	合格	达标	600
3	合格	达标	1000
8	合格	达标	1000
7	合格	达标	1000
12	良好	达标	600
19	优秀	达标	600
3	合格	达标	1000
14	优秀	达标	600
1	合格	达标	1000
17	优秀	达标	600
10	合格	达标	600
20	优秀	达标	600
6	合格	达标	1000
11	合格	达标	600
2	合格	达标	1000
13	良好	达标	600
5	合格	达标	1000

图 3-117　计算销售情况效果图

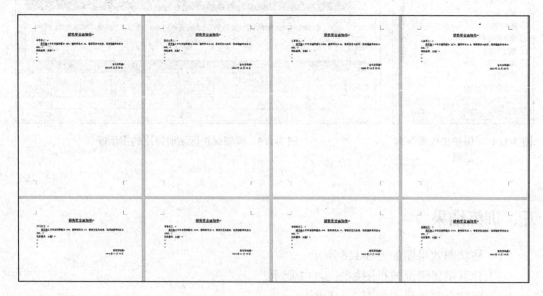

图 3-118　邮件合并效果图

（4）保护工作簿、工作表效果图如图 3-119 所示。

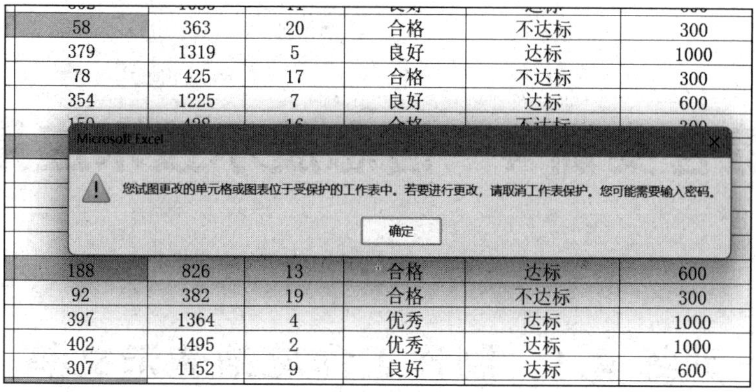
58 363 20 合格 不达标 300
379 1319 5 良好 达标 1000
78 425 17 合格 不达标 300
354 1225 7 良好 达标 600
Microsoft Excel
您试图更改的单元格或图表位于受保护的工作表中。若要进行更改，请取消工作表保护。您可能需要输入密码。
确定
188 826 13 合格 达标 600
92 382 19 合格 不达标 300
397 1364 4 优秀 达标 1000
402 1495 2 优秀 达标 1000
307 1152 9 良好 达标 600

图 3-119　保护工作簿、工作表效果图

综合实训 4 信息展示技术应用

训练 4.1 制作工作总结演示文稿

一、训练目的

（1）掌握演示文稿的新建、打开、保存和退出等基本操作。
（2）掌握幻灯片的放映和导出。
（3）能够在演示文稿中插入对象，如文本框、图形图片、艺术字、表格、音频和视频文件等。
（4）培养学生的实践动手能力和创新思维能力。

训练 4.1 制作工作总结
演示文稿 .mp4

二、训练内容

制作一份某公司的年终工作总结演示文稿。

三、训练环境

Windows 10、Microsoft Office 2021

四、训练步骤

1. 新建一份空白的演示文稿

（1）双击桌面上的 PowerPoint 演示文稿快捷图标 P，启动演示文稿；也可以在 Windows 的"开始"菜单中选择 PowerPoint 命令来启动。

（2）单击左侧"新建"菜单创建新的演示文稿，默认标题为"演示文稿 1"。选择"文件"→"保存"命令（或直接单击自定义快速访问工具栏中的"保存"按钮），在弹出对话框中选择保存位置，并输入演示文稿名称"工作总结 .pptx"。

2. 创建标题页

（1）在"开始"功能选项卡的"幻灯片"组中单击"版式"按钮，选择弹出面板中的"标题幻灯片"，如图 4-1 所示。

（2）输入标题"2023年工作总结"，输入副标题"回顾与展望"、姓名、日期和公司名称。

3. 创建目录页

（1）单击"插入"功能选项卡中"新建幻灯片"按钮旁边的"∨"按钮，在弹出的面板中单击"标题和内容"版式，创建一页新的幻灯片。

（2）在幻灯片标题栏输入"目录"，内容部分依次输入"工作目标与成果""挑战与解决方案""团队与个人成长""反思与改进"和"未来计划与展望"，每次输入后按 Enter 键换行。

4. 创建"工作目标与成果"页

（1）右击左侧幻灯片编号区空白处，在弹出的菜单中选择"新建幻灯片"命令，将延续上一页幻灯片版式创建一页新的幻灯片，如图4-2所示。

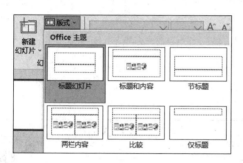

图 4-1　版式

图 4-2　右键菜单

（2）在幻灯片标题栏输入"工作目标与成果"，我们将以表格的形式列出2023年的主要工作目标，在内容部分单击"插入表格"，如图4-3所示，然后在弹出的"插入表格"对话框中输入表格的列数和行数，然后单击"确定"按钮，如图4-4所示。

图 4-3　插入表格

图 4-4　设置表格

（3）在新出现的"表格工具"的"表设计"功能选项卡中选择"表格样式"组的"浅色样式2强调1"进行表格修饰。在"布局"功能选项卡的"表格尺寸"组中设计表格"高度"为5.2厘米，"宽度"为30厘米。

（4）在表格中输入2023年的主要工作目标，如图4-5所示。

序号	工作目标	备注
1	年度销售额达到考核目标	达到考核目标
2	完成新产品市场开发	完成
3	发展大客户达到公司目标	达到公司目标
4	组建创新型销售团队	完成组建

图 4-5　工作目标表格

（5）插入各个季度销售额的图表。在"插入"功能选项卡的"插图"组中单击"图表"按钮。在弹出的"图表类型"对话框中，选择"柱形图"中的"簇状柱形图"，然后在弹出的电子表格中输入行列标题，如图 4-6 所示。

	A	B
		销售额（万元）
第一季度		431
第二季度		355
第三季度		450
第四季度		655

图 4-6　销售数据表格

（6）双击图表标题，修改为"各季度销售额"，并调整图表大小适合页面显示。选中图表时，在新出现的"图表工具"的"格式"功能选项卡中，通过"形状样式"组中的"形状填充"按钮，可整体或单独修改每季度的柱形图颜色。

（7）在每季度柱形图上方添加销售额。选择"图表工具"中的"图表设计"功能选项卡，在"图标布局"组中单击"添加图表元素"按钮，然后选择"数据标签"→"数据标签外"命令即可，如图 4-7 所示，效果图如图 4-8 所示。

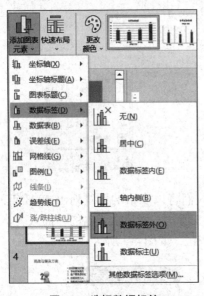

图 4-7　选择数据标签

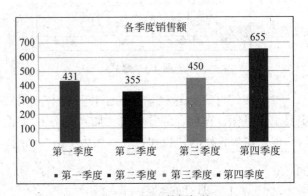

图 4-8　显示数据标签

通过"图表工具"的"格式"功能选项卡，在"大小"组中设置"高"为 10 厘米，"宽"为 18 厘米；在"排列"组中设置"对齐"方式为"水平居中"和"底端对齐"。

5. 创建"挑战与解决方案"页

（1）新建幻灯片，选择"两栏内容"版式，输入标题"挑战与解决方案"。然后在左栏内容中单击"图片"按钮，在弹出对话框中，选择本地图片素材完成插入，然后调整图片至合适大小；在"图片工具"的"图片格式"功能选项卡的"图片样式"组中单击"柔化边缘矩形"按钮，在"大小"组中设置图片高度为 10 厘米。

（2）在右侧内容中输入"挑战和解决方案"，效果如图 4-9 所示。

图 4-9　插入图片

6. 创建"团队与个人成长"页

（1）新建幻灯片选择"标题和内容"版式，输入标题"团队与个人成长"，插入团队宣传视频。在"插入"功能选项卡的"媒体"组中单击"视频"按钮，选择"此设备"命令，插入团队视频素材，如图 4-10 所示。

（2）选择已插入的团队视频，在"视频工具"的"播放"功能选项卡中设置"视频选项"组中的"开始："为"自动"，如图 4-11 所示；在"视频格式"功能选项卡的"视频样式"组中单击"柔化边缘椭圆"，在视频的"大小"组中设置"高度"为 12 厘米。

图 4-10　插入视频

图 4-11　设置视频格式

7. 创建"反思与改进"页

新增一页幻灯片，设置标题为"反思与改进"，在"插入"功能选项卡的"插图"组中单击 SmartArt 按钮，在弹出的"选择 SmartArt 图形"对话框中，选择"流程"中的"步骤上移流程"，然后输入文字。通过"SmartArt 工具"的"格式"功能选项卡下的"大小"组调整 SmartArt 图形高度为 12 厘米，宽度为 30 厘米；通过"SmartArt 设计"的"SmartArt 样式"组更改颜色为彩色，如图 4-12 所示。

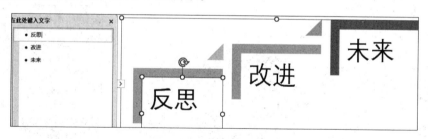

图 4-12　插入 SmartArt

8. 创"建未来计划与展望"页

（1）新增幻灯片，这里可以使用 Shift+Enter 快捷键，将延续上一页幻灯片版式创建一页新的幻灯片。

（2）输入幻灯片标题"未来计划与展望"，在内容框中输入内容，如图 4-13 所示。

（3）使用"插入"功能选项卡的"图像"面板，单击"图片"按钮，选择本地图片素材"目标和计划 .png"。通过"图片工具"的"图片格式"功能选项卡修饰图片。单击"调整"面板的"艺术效果"，在下拉面板中选择"铅笔灰度"效果；"图形样式"设置为"旋转 白 色"；"大小"设置高度为 10 厘米，锁定纵横比，如图 4-14 所示。

图 4-13　未来计划与展望　　　　　　　　　图 4-14　效果展示

9. 创建感谢页

（1）新建一页幻灯片，采用"空白"版式，选择"插入"功能选项卡中的"艺术字"，在文字输入提示框中输入"感谢聆听！"，如图 4-15 所示。

（2）选中艺术字，通过"开始"功能选项卡调整"字体"，采用"黑体"，字号为 80。调整艺术字位置，通过"绘图工具"的"形状格式"面板，在排列的对齐中设置"水平居中"和"垂直居中"。

10. 修饰幻灯片

（1）修改标题页背景颜色。通过"设计"功能选项卡的"设置背景格式"进行设置，如图 4-16 所示。

（2）修改目录页背景图片。选择"图片或纹理填充"，采用图片作为幻灯片背景，如图 4-17 所示。

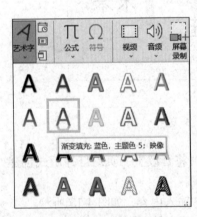

图 4-15　插入艺术字体

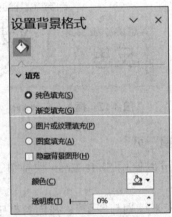

图 4-16　设置背景格式

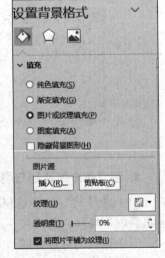

图 4-17　设置背景图片

（3）修饰目录页面，采用超级链接，将目录与幻灯片页面链接。在目录页面选中需要链接的文字，如"工作目标与成果"，然后在"插入"功能选项卡的"链接"组中单击"链接"按钮，弹出"插入超链接"对话框，如图 4-18 所示。首先选中对话框左侧"本文档中的位置"

选项，然后在中间选择正确的跳转页面，单击"确定"按钮，完成超链接设置，效果如图 4-19 所示。

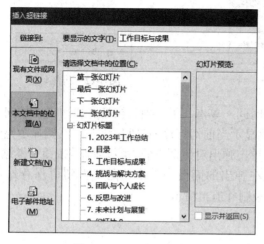

图 4-18　设置超级链接

图 4-19　带超链接的目录页

11. 导出和放映幻灯片

（1）导出幻灯片。编辑完成的幻灯片可以导出为多种格式。选择"文件"→"导出"命令，在弹出的"导出"面板中可以将幻灯片导出为 PDF 文档，也可以录制为视频文件格式（.mp4 或 .wmv）。在对演示文稿进行录制时，其所有元素（旁白、动画、指针运动轨迹、计时等）都保存在演示文稿中。也可以采用"另存为"方式，将幻灯片保存为 .pdf、.mp4、.wmv 等格式，如图 4-20 所示。

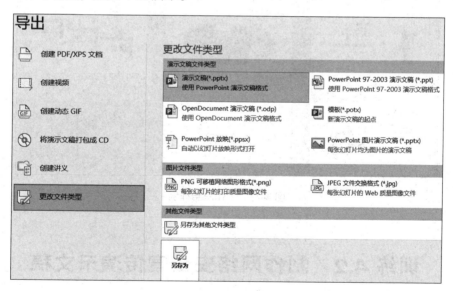

图 4-20　导出幻灯片

（2）放映幻灯片。在"幻灯片放映"功能选项卡中，可以对幻灯片放映进行排练计时，也可以进行录制，如图 4-21 所示。

单击"设置"组中的"排练计时"按钮，显示录制面板，如图 4-22 所示。

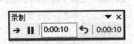

图 4-21　幻灯片放映设置　　　　　　　　　　图 4-22　排练计时

排练计时可以记录演示文稿演示的时间，单击"下一项"按钮，再单击或按向右箭头键转到下一张幻灯片。"暂停"按钮右侧显示当前幻灯片的时间，该时间右侧显示整个演示的时间。单击"暂停"按钮可暂停记录；单击弹出对话框中的"继续录制"按钮可继续录制；单击"关闭"按钮（或按下 Esc 键），在弹出的面板中单击"是"按钮可保存幻灯片计时；单击"否"按钮可放弃计时，停止录制并退出演示。

五、训练结果

训练结果如图 4-23 所示。

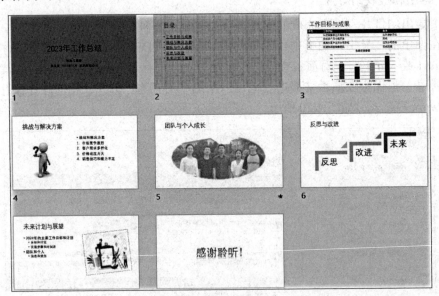

图 4-23　工作总结样例

训练 4.2　制作网络安全宣传演示文稿

一、训练目的

（1）理解幻灯片的设计与布局原理。

（2）掌握动画的设计、幻灯片页面的切换设计。

（3）能够设计动画的效果，设置幻灯片切换。

（4）能够增强沟通表达能力，提升团队合作意识。

二、训练内容

制作一份简要的网络安全宣传演示文稿。

三、训练环境

训练 4.2　制作网络安全宣传
演示文稿 .mp4

Windows 10、Microsoft Office 2019

四、训练步骤

1. 新建空白演示文稿

新建空白演示文稿，将演示文稿保存为"网络安全 .pptx"。

2. 标题页设计

在"设计"功能选项卡的"主题"组中将"丝状"主题应用到演示文稿，在自动生成的标题幻灯片上设置标题为"网络安全宣传"，副标题输入"共建网络安全,共享网络文明"和日期，如图 4-24 所示。

添加首页动画，首先选中幻灯片上的标题和副标题，然后在"动画"功能选项卡的"动画"组中单击进入效果"飞入"，设置动画"效果选项"为"自左侧"。在"计时"组中设置"开始"方式为"上一动画之后"，"持续时间"为 00.50 秒，"延迟"为 00.00 秒，如图 4-25 所示。

图 4-24　标题页设计

图 4-25　计时设置

3. "引言"幻灯片制作

（1）新建幻灯片，添加标题"引言"，在内容框输入文字"网络安全的重要性"和"网络安全与每个人的关系"。然后分别添加图片素材"移动应用.png""大数据.png"和"鳄鱼.png"。

（2）设置动画效果。首先选中"鳄鱼"图片，调整图片大小，在"图片工具"下的"图片格式"功能选项卡的"图片样式"组中选择"矩形投影"，"大小"组中设置图片高度为12厘米，覆盖整个内容框。在"图片工具"下的"图片格式"功能选项卡的"排列"组中单击"下移一层"按钮，将鳄鱼图片设置为"置于底层"。在"动画"功能选项卡中设置图片的进入动画为"淡化"，"计时"组上设置"持续时间"为1秒。接下来为"鳄鱼"图片添加退出动画，在"动画"功能选项卡的"高级动画"组中单击"添加动画"按钮，在下拉面板中选择退出的"淡化"效果，"计时"组中"开始"采用"单击时"，"持续时间"为00.50秒。

选中内容文本框，设置进入动画为"飞入"，选择"效果选项"的"方向"为"自左侧"，"序列"为"按段落"，"计时"组中"开始"采用"上一动画之后"，"持续时间"和"延迟"采用默认值。

然后设置"移动应用"图片，调整图片位置，不覆盖文字，居中靠左。在"图片工具"下的"图片格式"功能选项卡的"图片样式"组中选择"圆形对角"，"大小"组中设置图片高度为5厘米。设置进入动画，选择"淡化"效果，"计时"组中"计时"采用"单击时"。

最后设置"大数据"图片，调整图片位置，不覆盖文字，居中靠右。在"图片工具"下的"图片格式"功能选项卡的"图片样式"组中选择"圆形对角"，"大小"组中设置图片高度为5厘米。设置进入动画，也选择"淡化"效果，"计时"组中"开始"设置为"上一动画之后"，计时设置延迟时间为1秒。

（3）在"动画"功能选项卡的"高级动画"组中单击"动画窗格"按钮，检查动画效果是否与设计一致，如图4-26所示。

图 4-26　动画窗格

4."个人网络安全防护"幻灯片制作

（1）新建一页"标题和内容"版式幻灯片，输入标题"个人网络安全防护"，在内容文本框依次输入"保护个人信息：如何避免个人信息泄露""保护账户安全：如何设置强密码，避免账户被盗"和"防范网络诈骗：识别网络诈骗的常见手段，避免上当受骗"。选中内容文本框，在"动画"功能选项卡中设置进入动画为"飞入"，单击"动画选项"按钮设置"方向"为"自左侧"，"序列"为"按段落"，"计时"组中"开始"采用"上一动画之后"，持续时间和延迟采用默认值。

（2）插入本地图片素材"密码.png"，调整图片大小，在"图片工具"下的"图片格式"功能选项卡的"图片样式"组中选择"映像圆角矩形"，在"大小"组中设置图片高度为6.5厘米，放置在合适的位置，位于幻灯片底部居中，不覆盖文字，如图4-27所示。

设置图片动画类型为"劈裂"，"计时"组中"开始"选择"上一动画之后"。通过动画窗格，将当前图片的动画拖曳到"防范网络诈骗……"之前，如图4-28所示。再修改"防范网络诈骗……"的动画出现时间，即在"计时"组的"开始"选择"单击时"，如图4-29所示。

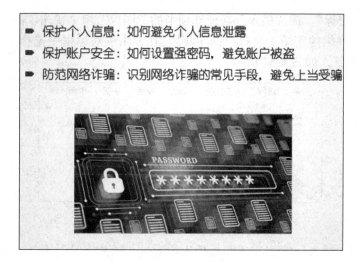

图 4-27　插入本地素材

图 4-28　调整动画顺序图

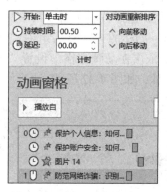

图 4-29　动画计时

（3）插入本地图片素材"网络风险 .png"，调整图片大小，在"图片工具"下的"图片格式"功能选项卡的"图片样式"组中选择"减去对角 白色"，"大小"组中设置图片高度为 15 厘米，放置在幻灯片的右侧合适位置，如图 4-30 所示。在"动画"功能选项卡中设置图片进入动画为"缩放"，"计时"组中"开始"设置为"上一动画之后"。

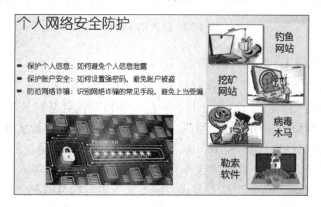

图 4-30　插入右侧素材

（4）插入"图标"。在"插入"功能选项卡的"图像"组中单击"图片"按钮旁边的下三角按钮，在弹出的菜单中选择"图像集"。在弹出的对话框中选择"图标"选项卡，搜索关键字"错误"，如图 4-31 所示。

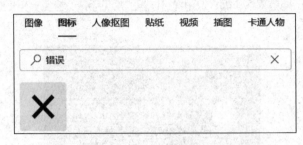

图 4-31　插入图标

选定后单击"插入"按钮完成图标插入。通过"图片工具"下的"图形格式"功能选项卡的"图形样式"组改变"图形填充"为红色，设置高度和宽度均为 2.54 厘米。将此图标复制 4 次，然后为每一个图标设置动画。选中一个图标，展开"动画"功能选项卡中的"动画"，选择"动作路径"中的"直线"，将路径的终点拖曳到指定位置为止，重复 4 次，将第一图标的"计时"组中"开始"设置为"单击时"，其他 3 个图标按照终点位置从上往下依次在动画窗格中设置"开始"为"上一动画之后"，所有图标的"延迟"调整为 00.75 秒，如图 4-32 所示。

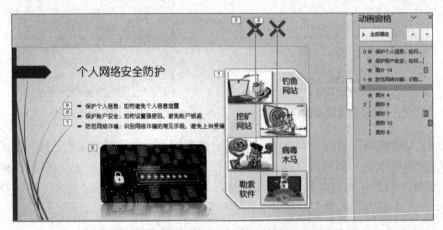

图 4-32　插入动作路径

5. "网络安全案例 1"幻灯片制作

（1）新建一页"两栏内容"版式幻灯片，输入标题"网络安全案例 1"。在右侧内容文本框输入安全事件内容："2023 年 2 月，厦门公安机关接到某科技公司报案称，其公司信息系统被攻击，导致大量用户信息泄露。经查，犯罪嫌疑人马某发现该科技公司信息系统中的交易记录等信息具有经济价值，遂指使杨某、陈某等人，通过黑客手段入侵该系统，非法获取大量公民个人信息，并转卖至李某涛、刘某海、黄某南等人。李某涛利用上述信息，通过拨打骚扰电话、邮寄产品等方式，向受害人进行精准营销。""3 月，厦门公安机关组织集中收网抓捕行动，抓获犯罪嫌疑人 7 名，涉案金额 200 余万元。此外，厦门公安机关还依法对该科技公司未履行网络安全保护义务的行为给予行政处罚。"

（2）设置右侧文本框动画。通过"动画"功能选项卡，选择动画"随机线条"，设置动画效果：方向为"垂直"，序列为"按段落"。"计时"组的"开始"都设置为"上一动画之后"，将第二段文字的"计时"组的延迟设置为 01.00 秒。

（3）在左侧内容文本框中，单击"图片"，插入本地图片素材"资料泄露 .png"，调整图片大小，在"图片工具"下的"图片格式"功能选项卡的"图片样式"组中选择"映像圆角矩形"，"大小"组中设置图片高度为 7.2 厘米。

（4）设置进入和强调的动画。首先选中图片，然后在"动画"功能选项卡下选择进入动画为"轮子"，效果采用"4 轮辐图案（4）"，并设置"计时"组中"开始"为"上一动画之后"，设置持续时间为 01.25 秒，设置延迟为 01.00 秒。继续选中图片，然后在"动画"功能选项卡中单击"高级动画"组中的"添加动画"按钮，在弹出的"动画"面板中选择"放大 / 缩小"，设置"效果选项"为"两者"，份量为"较大"，"计时"组的"开始"设置为"上一动画之后"，设置持续时间为 01.25 秒，设置计时延迟为 01.00 秒，如图 4-33 所示。

图 4-33　添加动画和设置计时

6."网络安全案例 2"幻灯片制作

（1）右击左侧幻灯片编号区的幻灯片，在弹出菜单中，使用复制幻灯片的方式生成一页版式和内容相同的幻灯片。

（2）修改幻灯片标题为"网络安全案例 2"。

（3）删除左侧图片，在左侧内容文本框内输入网络安全案例："2023 年 6 月，福州公安机关发现，以崔某珊、傅某等为首的犯罪团伙招募大量成员，发送带有'木马'的电子邮件、图片、链接和程序，对企业、个体商户的计算机信息系统实施'投毒'，非法获取大量的公司和个人数据，向境外诈骗团伙提供精准目标。""7 月，专案组在重庆、海南、河南等 5 省市抓获崔某珊、傅某等犯罪嫌疑人 8 名，现场提取固定'木马'样本 7 个，排查全国受害企业、个体商户 2000 余家。"

（4）添加左侧文本框的动画。通过"动画"功能选项卡选择进入动画为"擦除"，设置效果选项：方向为"自左侧"，序列为"按段落"。"计时"组中"开始"都设置为"上一动画之后"，持续时间为 00.50 秒，将第二段文字的"计时"组的延迟设置为 01.00 秒。

（5）删除右侧文本框原有的文字，插入本地图片"钓鱼网站 .png"，调整图片大小，在"图片工具"下的"图片格式"功能选项卡的"图片样式"组中选择"矩形投影"，"大小"组中设置图片高度为 9 厘米。

（6）设置图片动画效果，通过"动画"功能选项卡选择进入动画为"旋转"。"计时"组"开始"设置"上一动画之后"，持续时间 02.00 秒，"计时"延迟设置为 00.00 秒。

7. "网络安全法律法规与责任"幻灯片制作

（1）新建一页"标题和内容"版式幻灯片，输入标题"网络安全法律法规与责任"。内容文本框输入"相关的网络安全法律法规""个人、企业和政府在网络安全中的责任""违反网络安全法律法规的后果和处罚"。

（2）插入本地图片素材"网络安全法 .png"，调整图片大小，在"图片工具"下的"图片格式"功能选项卡的"图片样式"组中设置图片边框"黑色"，"大小"组中设置图片高度为 4 厘米；插入文本框，输入《中华人民共和国网络安全法》摘要："第十二条　任何个人和组织……不得利用网络……从事宣扬恐怖主义、极端主义，宣扬民族仇恨、民族歧视，传播暴力、淫秽色情信息，编造、传播虚假信息扰乱经济秩序和社会秩序，以及侵害他人名誉、隐私、知识产权和其他合法权益等活动。"插入本地图片素材"个人信息保护法 .png"，调整图片大小，在"图片工具"下的"图片格式"功能选项卡的"图片样式"组中设置图片边框"黑色"，"大小"组中设置图片高度为 4 厘米；插入文本框，输入《中华人民共和国个人信息保护法》摘要："第十条　任何组织、个人不得非法收集、使用、加工、传输他人个人信息，不得非法买卖、提供或者公开他人个人信息；不得从事危害国家安全、公共利益的个人信息处理活动。"并将文本框高度设置一致，通过"绘图工具"的"形状格式"功能选项卡下的"大小"组设置文本框高度为 4 厘米，"形状样式"组的"形状填充"设置为白色，"形状轮廓"为红色，"形状效果"采用"阴影 外部 偏移下"，如图 4-34 所示。选中所有图片、文本框，设置进入动画为"飞入"，"效果"选项为"自底部"，"计时"组"开始"选项设置为"上一动画之后"。

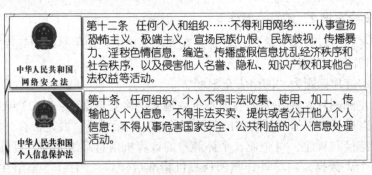

图 4-34　插入图片与文本框

（3）插入本地图片素材"网络警察 .png"，放置在幻灯片的右边，调整图片大小。在"图片工具"下的"图片格式"功能选项卡的"图片样式"组中选择"矩形投影"，"大小"组中设置图片高度为 7 厘米。通过"动画"功能选项卡设置进入动画为"淡化"，"计时"组"开始"选项设置为"上一动画之后"。通过动画窗格调整动画顺序，如图 4-35 所示。

8. 制作宣传口号幻灯片

（1）新建"空白"版式幻灯片，通过"插入"功能选项卡的"图像"组，单击"图片"下拉面板中的"图像集"，通过"图标"选项卡搜索关键字"鼓掌"，单击"插入"按钮完成图标插入。在"图形工具"的"图形格式"功能选项卡中通过"图形样式"组中的"图形填充"改变图标的颜色为红色。

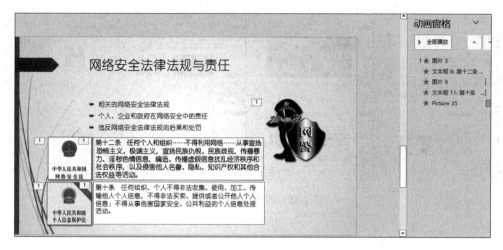

图 4-35　调整动画顺序

（2）通过"插入"功能选项卡的"文本"组插入"文本框"，在文本框中输入"网络更安全""世界更美好"的宣传口号，设置字体为黑体，字号为60，再选中文字阴影效果，如图 4-36 所示。

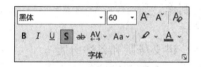

图 4-36　字体设置

（3）设置动画：设置图标进入动画为"淡化"，"计时"组"开始"选项设置为"上一动画之后"；设置文本框动画为"形状"，效果选项中方向为"放大"，形状为"菱形"，"计时"组"开始"选项设置为"上一动画之后"。

9. 设置幻灯片切换

选中所有幻灯片，在"切换"功能选项卡的"切换到此幻灯片"组中选中"翻转"，"效果"选项为"向右"，"计时"面板设置声音为"type.wav"，换片方式为"单击时"，如图 4-37 所示。

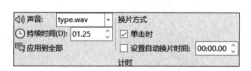

图 4-37　切换计时设置

五、训练结果

本训练结果如图 4-38 所示。

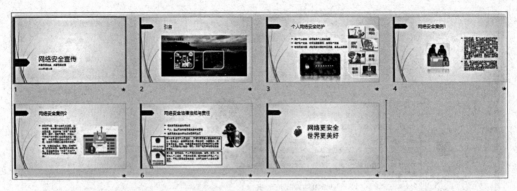

图 4-38　网络安全宣传样例

训练 4.3　制作员工培训方案母版

一、训练目的

（1）掌握演示文稿母版的制作。
（2）理解母版与模版的差异。
（3）能够制作和使用母版、讲义母版和备注母版。
（4）培养出对知识进行分类、整理和提炼的能力。

训练 4.3　制作员工培训
方案母版 .mp4

二、训练内容

制作一份员工培训方案的母版。

三、训练环境

Windows 10、Microsoft Office 2019

四、训练步骤

1. 新建演示文稿

新建演示文稿，保存为"员工培训方案 .pptx"。

2. 编辑"幻灯片母版"

（1）选择"视图"功能选项卡，在"母版视图"组中单击"幻灯片母版"按钮，如
图 4-39 所示，进入幻灯片母版视图编辑界面。

（2）右击窗口左侧列出的幻灯片母版，选择"重命名母版"命令，在弹出的"重命名
版式"对话框中输入"员工培训方案"，然后单击"重命名"按钮确认，如图 4-40 所示。

图 4-39　选择母版

图 4-40　重命名版式

（3）在窗口左侧列出的母版幻灯片中，选中"标题幻灯片"，然后在工作区进行编辑。

首先设置幻灯片的背景格式，在"幻灯片母版"功能选项卡的"背景"组中单击"背景样式"按钮。在"背景样式"的下拉面板中选择"设置背景格式"命令，在工作区右侧显示"设置背景格式"面板，如图 4-41 所示。

填充采用"渐变填充"，预设渐变为"线性渐变 个性色 1"，方向为"线性向下"，渐变光圈设置 3 个位置：位置 0%，颜色为"白色、个性色 1、淡色 95%"；位置 80%，颜色为"浅蓝、个性色 1、淡色 55%"；位置 100%，颜色为"深蓝、个性色 1、深色 25%"。将渐变色应用到当前主题所有版式，单击"应用到全部"按钮，如图 4-42 所示。

图 4-41　背景格式面板

图 4-42　渐变设置

选择"插入"功能选项卡，单击"插图"组中的"形状"按钮。插入形状"流程图：离页连接符"。通过"绘图工具"的"形状格式"功能选项卡的"大小"组设置高度为 2.8 厘米，宽度为 3.6 厘米。通过"形状样式"组设置"形状填充"颜色为"蓝色 个性色 1 25%"，设置"形状轮廓"为"无轮廓"，设置形状效果为"阴影 偏下"。设置"排列"对齐方式为"顶部对齐"。右击插入的形状，在弹出的菜单中选择"编辑文字"命令，输入英文大写字母 LOGO。设置字母字体，选择"开始"功能选项卡，设置字体为黑体，字号为 36 号，加粗、文字阴影、红色，效果如图 4-43 所示。

图 4-43　LOGO 效果图

调整标题占位框和副标题占位框的宽度为 16 厘米，高度不变。通过"开始"功能选项卡设置标题字体为黑体，字号为 60 号，加粗；设置副标题字体为黑体，字号为 24 号。

通过"插入"功能选项卡选择商务类型图标并插入。通过"图形工具"的"图形格式"功能选项卡设置"图形样式"组的"图形填充"为蓝色，设置图形高度为 8.5 厘米，宽度为 8.5 厘米，对齐方式为"垂直居中"。

最后删除幻灯片底部的日期占位符、页脚占位符和页码占位符，标题页母版如图 4-44 所示。

图 4-44 标题页母版

（4）编辑"标题和内容"幻灯片。选择标题占位符，通过"开始"功能选项卡的字体面板设置字体为黑体，字号为 44 号；选择内容占位符，设置字体为宋体。

选择"插入"功能选项卡，单击"插图"组中的"形状"按钮。插入形状"流程图：离页连接符"。通过"绘图工具"的"形状格式"组设置高度为 2.8 厘米，宽度为 3.6 厘米。通过"形状样式"设置"形状填充"颜色为"蓝色 个性色 1 25%"，设置"形状轮廓"为"无轮廓"，设置形状效果为"阴影 偏下"。设置"排列"对齐方式为"顶部对齐"，位置偏右。右击插入的形状，在弹出的菜单中选择"编辑文字"命令，输入英文大写字母 LOGO。设置字母字体，选择"开始"功能选项卡，设置字体为黑体，字号为 36 号，加粗、文字阴影、红色，效果如图 4-45 所示。

图 4-45 设置 LOGO

（5）编辑空白页幻灯片。选择"插入"功能选项卡，单击"插图"组中的"形状"按钮。插入形状"流程图：离页连接符"。通过"绘图工具"的"形状格式"组设置高度为 2.8 厘米，宽度为 3.6 厘米。通过"形状样式"设置"形状填充"颜色为"蓝色 个性色 1 25%"，设置"形状轮廓"为"无轮廓"，设置形状效果为"阴影 偏下"。设置"排列"对齐方式为"顶部对齐"，位置与标题页 LOGO 相同，靠右放置。右击形状，在弹出的菜单中选择"编辑文字"命令，输入英文大写字母 LOGO。设置字母字体，选择"开始"功能选项卡，设置字体为黑体，字号为 36 号，加粗、文字阴影、红色。

（6）其他幻灯片。按照"标题和内容"母版添加图形 LOGO，删除幻灯片底部的日期占位符、页脚占位符和页码占位符。

（7）设置幻灯片母版。选择标题占位符，通过"开始"功能选项卡的字体面板设置字体为黑体，字号为44号；选择内容占位符，设置字体为宋体。通过"切换"功能选项卡设置切换到此幻灯片时采用"随机线条"。

（8）保存当前母版主题。通过"幻灯片母版"功能选项卡单击"编辑主题"组中的"主题"，在下拉面板中单击"保存当前主题"。然后在"保存"对话框中输入"员工培训方案"，单击"保存"按钮。

（9）关闭幻灯片母版。通过"幻灯片母版"功能选项卡，单击关闭面板中的"关闭母版视图"按钮，退出幻灯片母版编辑模式，回到幻灯片编辑模式。

（10）应用"员工培训方案"主题。在"设计"功能选项卡的"主题"组中单击"员工培训方案"主题。

3. 编辑"讲义母版"

（1）选择"视图"功能选项卡，在"母版视图"组中单击"讲义母版"，进入讲义母版功能选项卡编辑界面。

（2）从讲义母版上取消页眉和页脚。在"讲义母版"功能选项卡的占位符面板中取消选中的页眉和页脚，如图 4-46 所示。

图 4-46 取消页眉、页脚

（3）设置讲义母版的渐变背景。选择"讲义母版"功能选项卡的"背景"组设置"背景样式"。在"背景样式"按钮的下拉面板中单击"设置背景格式"，在工作区右侧显示设置背景格式面板。

填充采用"渐变填充"，预设渐变为"线性渐变 个性色1"，方向为"线性向下"，渐变光圈设置3个位置：位置0%，颜色为"白色、个性色1、淡色95%"；位置80%，颜色为"浅蓝、个性色1、淡色55%"；位置100%，颜色为"深蓝、个性色1、深色25%"。

（4）插入公司 LOGO。选择"插入"功能选项卡，单击"插图"组中的"形状"按钮。插入形状"流程图：离页连接符"。通过"绘图工具"的"形状格式"功能选项卡中的"大小"组设置高度为 2.8 厘米，宽度为 3.6 厘米。通过"形状样式"组设置"形状填充"颜色为"蓝色 个性色1 25%"，设置"形状轮廓"为"无轮廓"，设置形状效果为"阴影 偏下"。设置"排列"对齐方式为"顶部对齐"，位置靠左。右击插入的形状，在弹出的菜单中选择"编辑文字"命令，输入英文大写字母 LOGO。设置字母字体，选择"开始"功能选项卡，设置字体为黑体，字号为 36 号，加粗、文字阴影、红色，效果如图 4-47 所示。

图 4-47 插入公司 LOGO

（5）设置讲义的页面数量。通过"讲义母版"功能选项卡的"页面设置"组设置"每页幻灯片数量"为"4张幻灯片"，设置"幻灯片大小"采用"标准4:3"，在弹出窗体中选中"最大化"，单击"最大化"按钮返回。

（6）关闭讲义母版。通过"讲义母版"功能选项卡单击关闭面板中的"关闭母版视图"按钮，退出讲义母版编辑模式，回到幻灯片编辑模式。

4. 编辑"备注母版"

（1）选择"视图"功能选项卡，在"母版视图"面板中单击"备注母版"，进入备注母版功能选项卡编辑界面。

（2）从备注母版中取消页眉、页脚和日期。在"备注母版"功能选项卡的占位符面板中取消选中的页眉、页脚和日期，如图4-48所示。

（3）设置备注母版中幻灯片大小。在"备注母版"功能选项卡的"页面设置"组中设置"幻灯片大小"，在下拉面板上选择"宽屏"，如图4-49所示。

图4-48 取消页眉、页脚和日期

图4-49 设置幻灯片大小

（4）调整页码位置。选中页码占位符，通过"绘图工具"的"图形形状"功能选项卡中的"排列"组设置对齐方式为"居中对齐"和"底部对齐"。

（5）调整备注母版的项目符号和字体。通过"开始"功能选项卡调整字体，中文字体采用宋体，西文字体采用Times New Roman。通过"段落"组设置项目符号，选择"带填充效果的大方形项目符号"。

（6）关闭备注母版。通过"备注母版"功能选项卡单击关闭面板中的"关闭母版视图"按钮，退出备注母版编辑模式，回到幻灯片编辑模式。

5. 通过"员工培训方案"母版创建员工培训方案

1）"标题"幻灯片制作

在幻灯片的标题框输入"员工培训方案"，副标题输入日期和培训人名。

2）"目录"幻灯片制作

在幻灯片的内容框依次输入"培训目标""培训内容""培训方法""培训时间表""培训评估"和"总结与展望"。

选中内容框，通过"开始"功能选项卡的段落面板中的"转化为SmartArt"按钮将内容框内容转化为SmartArt图形。选择SmartArt图形为"线型维恩图"版式，并更改颜色为彩色，如图4-50所示。

设置目录动画，通过"动画"功能选项卡的"动画"组设置进入动画为"飞入"，效果选项的方向为"自左侧"，序列采用"逐个"。"计时"组设置"开始"选项为"上一动

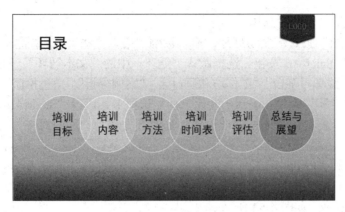

图 4-50　目录幻灯片

画之后"，持续时间设置为 00.50 秒，延迟设置为 00.00 秒。

3）"培训目标"幻灯片制作

继续使用"标题和内容"版式新建幻灯片，输入标题"培训目标"，在内容框单击"插入 SmartArt 图形"，选择版式"列表"中的"基本列表"，依次输入文字"提高员工的专业技能""增强员工的团队协作能力""提升员工的工作效率"和"培养员工的公司文化认同感"。选择"SmartArt 工具"的"SmartArt 设计"功能选项卡，通过"SmartArt 样式"面板更改颜色为彩色。

设置动画，采用进入动画"擦除"，效果选项的方向设置为"自底部"，序列设置为"逐个"，"计时"组的"开始"设置为"上一动画之后"，持续时间 00.50 秒，延迟 00.50 秒，效果如图 4-51 所示。

4）"培训内容"幻灯片制作

使用"标题和内容"版式新建幻灯片，输入标题"培训内容"，在内容框单击选择"插入 SmartArt 图形"，选择版式"层次结构"中的"表层次结构"，依次输入文字"产品知识""销售技巧""项目管理""项目管理""沟通技巧""团队合作"和"公司文化"。选择"SmartArt 工具"的"SmartArt 设计"功能选项卡，通过"SmartArt 样式"组更改颜色为彩色。

设置进入动画，选择动画"浮入"，效果选项设置方向为"上浮"，序列设置为"逐个级别"，"计时"组的"开始"设置为"单击时"，持续时间设置为 00.50 秒，延迟设置为 00.00 秒，如图 4-52 所示。

图 4-51　培训目标

图 4-52　培训内容

5）"培训方法"幻灯片制作

使用"仅标题"版式新建幻灯片，输入标题"培训方法"，在"插入"功能选项卡的"插图"组中单击 SmartArt 按钮，选择版式"循环"中的"文本循环"，依次输入文字"内部讲师授课""在线学习平台""工作坊和研讨会""案例分析""角色扮演"和"实地考察"。选择"SmartArt 工具"的"SmartArt 设计"功能选项卡，通过"SmartArt 样式"组更改颜色为彩色，通过"格式"功能选项卡设置排列对齐方式为"居中对齐"，设置高度和宽度都为 12 厘米。

设置进入动画，选择动画"轮子"，效果选项设置轮辐图案"1 轮辐图案"，序列设置为"作为一个整体"，"计时"组的"开始"设置为"上一动画之后"，持续时间设置为 03.00 秒，延迟设置为 00.00 秒，如图 4-53 所示。

6）"培训时间表"幻灯片制作

使用"标题和内容"版式新建幻灯片，输入标题"培训时间表"，在内容框单击"插入表格"，设置表格行列属性，并在第一行依次输入标题"日期""时间"和"内容"。

通过"表格工具"的"表设计"功能选项卡选择表格样式为"中度样式 2 强调 1"。

7）"培训评估"幻灯片制作

使用"标题和内容"版式新建幻灯片，输入标题"培训评估"，在内容框依次输入"通过考试或问卷调查来评估员工的学习成果""通过观察员工在工作中表现的变化来评估培训效果"和"通过定期的反馈会议来收集员工的意见和建议"。

8）"总结与展望"幻灯片制作

使用"仅标题"版式新建幻灯片，输入标题"总结与展望"，在"插入"功能选项卡的"插图"组中单击 SmartArt 按钮，选择版式"流程"中的"带形箭头"，依次输入文字"总结过去"和"展望未来"。选择"SmartArt 工具"的"SmartArt 设计"功能选项卡，通过"SmartArt 样式"组更改颜色为彩色，通过"格式"功能选项卡设置排列对齐方式为"居中对齐"，"大小"组设置高度为 12 厘米，宽度为 30 厘米。

设置进入动画，选择动画"劈裂"，效果选项设置方向为"中央向左右展开"，序列设置为"作为一个整体"，"计时"组的"开始"设置为"上一动画之后"，持续时间设置为 03.00 秒，延迟设置为 00.00 秒，如图 4-54 所示。

图 4-53　培训方法

图 4-54　总结与展望

9）"谢谢"幻灯片制作

使用"空白"版式，通过"插入"功能选项卡插入文本框，绘制横排文本框，输入内容"谢谢！"选择文本框设置，通过"绘图工具"的"形状格式"功能选项卡，单击"形状样式"的形状轮廓，设置文本框轮廓为"无轮廓"，设置"艺术字体样式"组的"文本填充"为红色，"文本效果"设置为"映像"中的"紧密映像：接触"。通过"开始"功能选项卡设置字体为华为中宋，设置字号为 72 号。

6. 使用讲义母版和备注母版

（1）编辑完成幻灯片后，选择"文件"→"打印"命令，进入打印预览和设置页面。

（2）选择讲义，设置每页打印 6 张幻灯片，如图 4-55、图 4-56 所示。

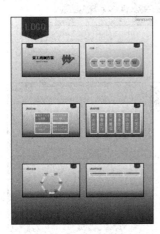

图 4-55　使用讲义母版打印

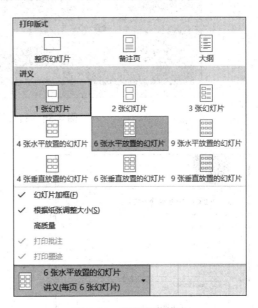

图 4-56　打印预览讲义

五、训练结果

训练结果可参考图 4-57~ 图 4-60。

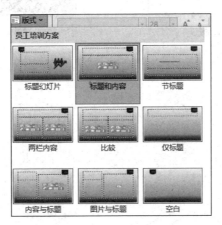

图 4-57　幻灯片母版

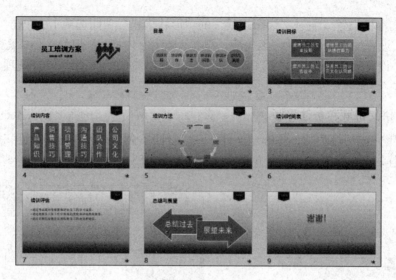

图 4-58 幻灯片效果图

图 4-59 讲义母版

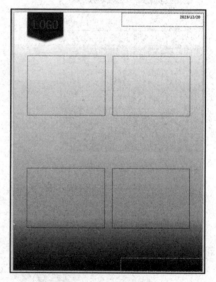

图 4-60 备注母版

综合实训 5　信息检索技术应用

训练 5.1　读秀学术搜索信息检索

一、训练目的

（1）通过学习读秀学术搜索平台信息检索，可以提高大学生的信息获取、筛选、评价和利用能力，进而提高其信息素养。

（2）学会使用读秀学术搜索平台，了解检索结果的阅读、识别与下载，学会读秀电子图书检索。

训练 5.1　读秀学术搜索
信息检索 .wmv

（3）通过使用该平台，大学生可以接触到更多的学术观点、研究成果和前沿动态，从而拓展自己的知识面，加深对专业知识的理解。

（4）通过自主探索、自主筛选和评价信息，提高大学生的独立思考和自主学习能力，为其未来的职业发展打下坚实的基础。

二、训练内容

（1）访问读秀学术搜索平台。
（2）读秀"知识"检索。
（3）检索结果的阅读、识别与下载。
（4）读秀电子图书检索。

三、训练环境

读秀学术搜索平台

信息检索是人们进行信息查询和获取的主要方式，是查找信息的方法和手段。掌握网络信息的高效检索方法，是现代信息社会对高素质技术技能人才的基本要求。通过对读秀学术搜索平台的检索演示，展示知识搜索和电子图书的检索与利用的常见方法。

读秀学术搜索平台是一个超大型的数据库，由海量全文数据及元数据组成。它是全球最大的中文文献资源服务平台，提供了深入图书章节和内容的知识点服务，部分文献的少量原文试读，以及查找、获取各种类型学术文献资料的一站式检索功能。读秀还可以为用户提供参考咨询服务,是一个真正意义上的学术搜索引擎及文献资料服务平台。

读秀学术搜索平台由海量图书、期刊、报纸、会议论文、学位论文等文献资源组成,是一个可以对文献资源及其全文内容进行深度检索的平台。它提供了目录、章节、全文三个检索频道,实现了目录和全文的垂直搜索,使读者在最短时间内获得深入、准确、全面的文献资源。

此外,读秀的检索系统不仅显示图书的详细信息,还提供图书的原文显示,使读者能清楚地判断是否是自己需要的图书,提高了信息检准率和读者查书、借书的效率。读秀除图书文献外,还提供期刊、报纸、学位论文、会议论文、专利、标准等文献的检索,集文献搜索、试读、文献传递、参考咨询等多种功能为一体。

四、训练步骤

1. 访问读秀学术搜索平台

(1)打开浏览器,登录读秀学术搜索平台首页。

(2)如果联网 IP 地址是在已经购买读秀服务的 IP 许可范围内,可以不需要登录直接使用其资源;如果不是在 IP 许可范围内,但是有机构授权账号密码的,如图 5-1 所示,在读秀的主界面选择"机构用户"并输入账号密码进入检索页面;如果有个人账号,输入账号密码可进入检索页面。

图 5-1   读秀登录界面

2. 读秀"知识"检索

读秀信息检索框上默认的检索导航是"知识",即进行知识点检索,可以从全文中检索输入的检索词。例如用户在检索框中输入检索词"信息素养",单击"中文搜索"按钮后,系统将默认进行知识点检索,从"读秀知识库"中检索出含有该知识点的书刊章节内容并显示来源。结果如图 5-2 所示。

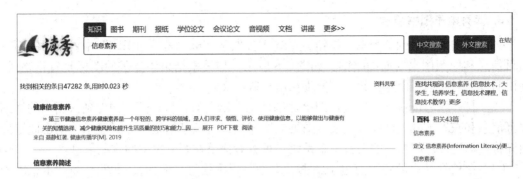

图 5-2　读秀"知识"检索结果

3. 检索结果的阅读、识别与下载

进行知识点检索后，会显示检索结果。找到的与检索词相关的信息条目会列出并显示文摘，在文摘后面有"展开""PDF下载"和"阅读"按钮，单击"阅读"按钮，可以打开书刊正文进行阅读，如图 5-3 所示。

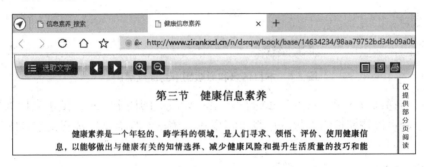

图 5-3　阅读"文摘"所在的全文

（1）一般可以在线阅读，如果需要较好的阅读体验，可以下载超星阅读器，在阅读器里面下载图书后进行阅读。

（2）无论是在浏览器网页上还是在阅读器中，都可以单击"选取文字"按钮后进行文字识别操作，在"文字摘录"框中复制能识别的所需内容，粘贴到其他地方进行利用，如图 5-4 所示。注意识别后，有可能出现文字识别错误或者识别不出的情况。

（3）单击阅读页面右上角的"查看来源"按钮可以查看内容来自什么著作。

（4）如图 5-5 所示，单击阅读页面右上角的按钮可以打印或者保存内容。

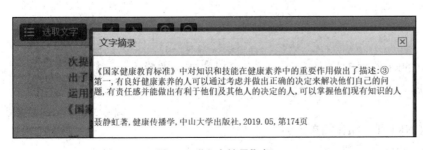

图 5-4　"文字摘录"框

图 5-5　功能按钮

4. 读秀电子图书检索

（1）单击导航栏的"图书"按钮，系统将首先显示从"读秀知识库"中检索出的图书书目信息和原版图书封面缩略图，如图 5-6 所示。如搜索结果中显示的图标是省略格式，则说明该书只有书目信息，暂时不能提供电子版全文。

（2）打开题名链接，可以查看图书详细信息介绍页面，从页面左侧看到该图书的详细收藏信息和获取方式：收藏有该纸本图书的图书馆以"某某馆藏"方式显示，单击此链接图标将自动进入该图书馆的书目检索系统，可查看该书在图书馆中的收藏信息。

（3）在检索结果的左边有电子图书"类型"提示信息。例如，"类型"为"本馆电子全文"的电子图书，则是该馆已购的包库全文，说明可从该馆的"超星电子图书"资源中在线阅览和下载该书全文电子版。单击"本馆电子全文"按钮可将有全文的若干种电子图书显示在结果页面，其他不显示。

（4）在如图 5-6 所示的页面中单击"汇雅电子书"按钮可以阅读已购的包库全文。

图 5-6 书目信息和原版图书封面缩略图

（5）可传递部分图书，如在线试读的图书一般只能阅读十几页，试读完后如果希望阅读整本书，则可以按照读秀的提示信息进行操作，请求文献传递发送到指定到邮箱。

五、训练结果

信息检索是一种非常重要的技能，通过训练掌握读秀学术搜索平台的搜索方法，快速、准确地找到所需的信息，提高学习和工作效率。在进行信息检索时，需要注意明确需求和目标、选择和组合关键词、注意信息来源和可靠性等因素。通过掌握信息检索的技能，更好地适应和理解这个信息爆炸的时代。

训练 5.2　CNKI 数据库检索

一、训练目的

（1）通过掌握 CNKI 数据库检索技巧，用户可以快速、准确地获取到与研究课题相关的学术资料，为学术研究和论文写作提供有力的支持。

训练 5.2　CNKI 数据库检索 .wmv

（2）学会访问 CNKI 和 CNKI 简单检索。

（3）了解 HTML 阅读和下载。

（4）了解 CNKI 高级检索。

（5）培养自主学习能力。通过自主探索、自主筛选和评价信息，可以提高学生的独立思考和自主学习能力，为其未来的职业发展打下坚实的基础。

二、训练内容

（1）学会访问 CNKI。

（2）学会 CNKI 简单检索。

（3）了解 HTML 阅读和下载。

（4）了解 CNKI 高级检索。

三、训练环境

CNKI 数据库

中国知识基础设施工程（China national knowledge infrastructure，CNKI）以全面应用大数据与人工智能技术打造知识创新服务业为新起点，将基于公共知识整合提供的知识服务，深化到与各行业机构知识创新的过程与结果相结合，通过更为精准、系统、完备的显性管理，以及嵌入工作与学习具体过程的隐性知识管理，提供面向问题的知识服务和激发群体智慧的协同研究平台。

CNKI 数据库检索是中国知网（CNKI）提供的一种检索服务，可以帮助用户快速查找和获取学术文献资源。CNKI 数据库包含了大量的中文期刊、学位论文、会议论文、报纸、图书等资源，是国内最大的学术数据库之一。

新版总库平台 KNS 8.0，正式命名为 CNKI 中外文文献统一发现平台（学名），也称全球学术快报 3.0，能让读者在"世界知识大数据"中快速、精准、个性化地找到相关的优质文献。

使用 CNKI 数据库检索时，用户可以根据需要选择不同的检索方式，如快速检索、标准检索、专业检索、作者发文检索、科研基金检索、句子检索等。每种检索方式都有不同的特点和使用场景，用户可以根据自己的需求进行选择。

在 CNKI 数据库检索中，用户可以选择不同的检索字段，如关键词、主题、作者等，并根据需要进行逻辑组合。同时，用户还可以对检索结果进行筛选和排序，以便快速找到所需内容。

CNKI 数据库检索还提供了计量可视化分析功能，可以帮助用户对检索结果进行更深入的分析和挖掘。通过该功能，用户可以了解某个领域的论文发表情况、作者影响力等指标，进而更好地把握该领域的研究动态和发展趋势。

总的来讲，CNKI 数据库检索的特点主要包括以下几个方面。

（1）权威性：CNKI 数据库具有广泛的来源和专业稳定的信息渠道，以及由强大的专家阵容组织对信息的内容进行甄别遴选。这确保了检索结果的准确性和权威性。

（2）内容全面：涉及多个学科领域，如农业、矿业、能源、交通运输、材料、工程技术、医药卫生、电子与信息、文史哲、政治法律、经济与管理、教育与社科等。这为用户提供了广泛的信息资源。

（3）数据新颖：数据库每日更新，保持连续动态更新的状态，确保用户能够获取到最新的学术研究成果和信息。

（4）检索方式多样：提供了多种检索方式，如快速检索、标准检索、专业检索、作者发文检索、科研基金检索、句子检索等，以满足用户的不同需求。

（5）计量可视化分析：提供了计量可视化分析功能，帮助用户对检索结果进行更深入的分析和挖掘，更好地把握研究动态和发展趋势。

以上特点使得 CNKI 数据库成为国内最大的学术数据库之一，为学术研究和论文写作提供有力的支持。

四、训练步骤

1. 访问 CNKI 数据库

（1）打开浏览器，如图 5-7 所示，打开 CNKI 中国知网主界面。

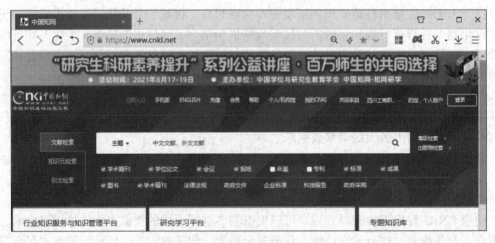

图 5-7　CNKI 中国知网主界面

（2）如果是在校外且没有 VPN 服务，则需要输入自己的账号密码。校内 IP 范围内打开首页，可以直接在检索框里面输入检索词检索信息。

2. 简单检索

直接在检索框里面输入检索词"大学生信息素养现状"，单击右侧的"检索"按钮（放大镜图标）进行检索。如图 5-8 所示，默认以"大学生信息素养现状"为"主题"进行信息检索。

3. CNKI 全文在线阅读和下载

（1）在如图 5-8 所示页面单击所需要的某一检索结果，例如期刊论文《高职院校大学生信息素养现状及对策——以信阳职业技术学院为例》，则弹出该文献部分内容，如图 5-9所示，可以单击"HTML 阅读"按钮，选择在线"HTML 阅读"，如图 5-10 所示，或者选

图 5-8　输入的检索词和检索结果页面

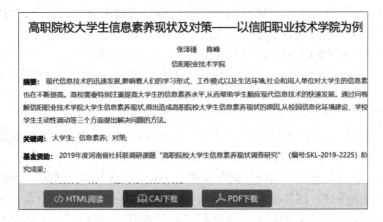

图 5-9　"HTML 阅读"与"CAJ 下载""PDF 下载"按钮

图 5-10　在线"HTML 阅读"页面

择下载后再阅读这篇文献的全文。

（2）选择下载阅读时，单击"CAJ 下载"或者"PDF 下载"按钮，会弹出"下载"对话框，选择下载文件到某个位置即可。在阅读时则需要有该文件格式的阅读器方可阅读其全文，相关阅读器在 CNKI 网站上有下载链接。

4. CNKI 数据库高级检索

（1）高级检索：指利用不同字段进行逻辑匹配的检索方式，允许多个检索条件进行组合。优点是查询结果冗余少、命中率高。对命中率要求较高的查询，一般使用高级检索。通过多个检索条件之间的逻辑匹配来进行组合精确或模糊检索。

① 布尔逻辑运算符：在高级检索中，可以使用布尔逻辑运算符来组合检索条件，提高

检索的准确度。CNKI 中的布尔逻辑运算符包括 AND、OR 和 NOT。

使用举例：如果想检索关于"新冠病毒"和"药物治疗"的文献，可以在"主题"字段中输入"新冠病毒 AND 药物治疗"。如果想同时检索关于"新冠病毒"和"心理治疗"，但排除"药物治疗"的相关文献，可以使用"新冠病毒 AND 心理治疗 NOT 药物治疗"。

② 字段限定：通过限定字段，可以缩小检索范围，提高检索的准确度。CNKI 中的字段限定包括"主题""篇名""关键词""摘要""作者""单位"等。

使用举例：如果想检索某位作者发表的所有文献，可以在"作者"字段中输入该作者姓名。如果想限定检索结果的发表时间为 2010 年到 2020 年，可以在"发表时间"字段中输入这一时间范围。

③ 精确匹配：在 CNKI 中，可以使用双引号来精确匹配包含特定词组的短语。

使用举例：如果想检索包含完整短语"新冠病毒药物治疗"的文献，可以在"主题"字段中输入"新冠病毒药物治疗"。

④ 模糊匹配：在 CNKI 中，可以使用星号 (*) 来进行模糊匹配。

使用举例：如果想检索所有以"新冠病毒"开头的文献，可以在"主题"字段中输入"新冠病毒 *"。

⑤ 专业检索：允许用户使用更复杂的表达式进行检索。

使用举例：如果想检索所有在核心期刊上发表的关于新冠病毒研究的文献，可以使用以下表达式：新冠病毒 [主题] AND 核刊 [来源类别]。

单击 CNKI 首页右边的"高级检索"按钮，进入"高级检索"界面，如图 5-11 所示。

（2）输入检索条件，例如检索 2018 年 1 月 1 日到 2021 年 1 月 1 日发表的有关"新时代中国特色社会主义"的文献信息。要求篇名必须含有"新时代"，主题含有"中国特色社会主义"。检索字段选择和输入信息如图 5-11 所示。

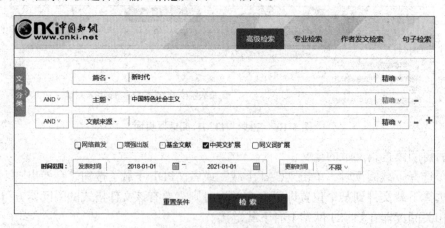

图 5-11　CNKI 高级检索

（3）检索结果如图 5-12 所示。

CNKI 高级搜索中的阅读和下载方式。在如图 5-12 所示页面单击所需要的某一检索结果，例如期刊论文《复兴论——实践新时代中华民族伟大复兴的中国逻辑》，则弹出该文献部分内容，如图 5-13 所示。可以单击"HTML 阅读"按钮，选择在线"HTML 阅读"，如图 5-14 所示，或者选择下载后再阅读这篇文献的全文。

图 5-12　满足多个检索条件的文献检索结果

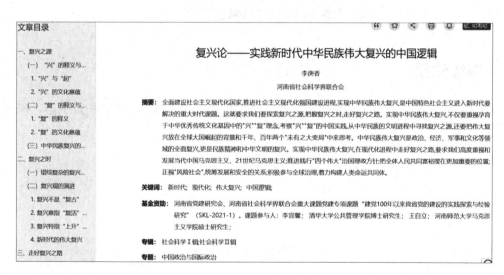

图 5-13　复兴论——实践新时代中华民族伟大复兴的中国逻辑

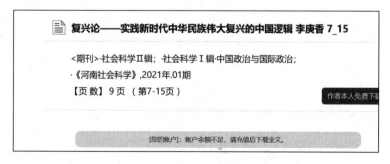

图 5-14　在线"HTML 阅读"页面

选择下载阅读时，单击"CAJ 下载"或者"PDF 下载"按钮，会弹出"下载"对话框，选择下载文件到某个位置即可。还可以单击"AI 辅助阅读"按钮，如图 5-15 所示。在阅读时则需要有该文件格式的阅读器方可阅读其全文，相关阅读器在 CNKI 网站上有下载链接。

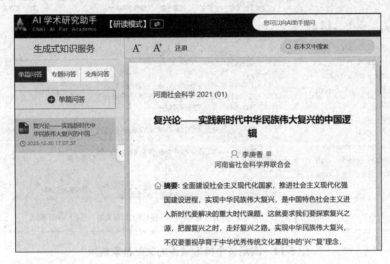

图 5-15 "AI 辅助阅读"页面

五、训练结果

通过训练，掌握 CNKI 平台搜索学术资源方法，提高文献的查准率和查全率，快速准确地获取文献和研究成果。

综合实训 6　数字媒体技术应用

训练 6.1　制作"个人毕业简历"

一、训练目的

（1）掌握创建 PDF、编辑 PDF 内容、合并和拆分 PDF、将 PDF 文件转换为其他格式等操作。

（2）掌握使用 Photoshop 对图像进行创建、编辑和增强等操作。

（3）掌握通过应用程序进行声音录制、剪辑与发布等操作。

（4）掌握通过应用程序进行视频制作、剪辑与发布等操作。

二、训练内容

制作一份文声形并茂的动态影像个人简历。

三、训练环境

Windows 10、Microsoft Office 2021、Photoshop CS5

四、训练步骤

1. 制作证件照

（1）在微信的主界面下拉,显示出小程序界面后在搜索框中输入"超级标准证件照",找到蓝色图标的小程序后单击进入。

（2）按照用途选择你需要的规格,可以选择 1 寸、2 寸、身份证等尺寸大小,如果有考试或驾驶证等使用需求,还可以在界面中设置你需要的尺寸。

制作证件照 .mp4

（3）选完尺寸后,单击"去创作"按钮。然后从相册选择或者相机拍摄。如果有原来拍过的电子版照片可以直接选择;没有的话可以找一面白墙当背景进行拍摄。

（4）如果有需要还可以用这个小程序进行换底或者换服装：一般电子版用途的推荐大家用白色底色；考试用途的推荐大家用蓝色底色。

（5）全部制作好之后直接导出照片就可以，如图 6-1 所示。如果你想要打印出来，还可以用小程序帮你排好版，如图 6-2 所示。

图 6-1　导出照片效果图

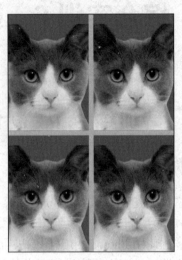

图 6-2　排版照片效果图

2. 更换背景颜色

打开图形图像处理软件 Adobe Photoshop CS5（简称为 PS），使用 PS 更换背景颜色，具体操作步骤如下。

（1）双击打开 Adobe Photoshop CS5，打开需要更换背景颜色的图片，这里以蓝色证件照为素材进行更换。

（2）在界面左侧工具栏找到并单击"魔棒工具"，如图 6-3 所示。在图片的蓝色区域单击，如果还有没有被选中的地方，按住 Shift 键添加选择，接着按住 Ctrl+I 快捷键反选，猫被选中。

（3）在菜单中选择"选择"→"修改"→"平滑"命令，打开"平滑选区"对话框，然后将取样半径设置为 2 像素。

（4）选择工具栏中的"魔棒工具"或"选框工具"，然后单击"调整边缘"按钮，如图 6-4 所示。

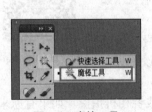

图 6-3　魔棒工具

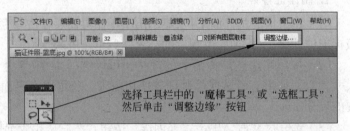

图 6-4　"调整边缘"按钮

（5）在"调整边缘"对话框的视图模式里面选择"叠加"，如图 6-5 所示。可以看到猫的边缘有蓝色的毛边。

图 6-5　"调整边缘"对话框

（6）单击"调整半径工具"按钮，如图 6-6 所示。在图像猫的边缘进行涂抹，涂抹掉蓝色毛边，效果如图 6-7 所示。

图 6-6　调整半径工具　　　　图 6-7　使用"调整半径工具"涂抹对比图

（7）选中"净化颜色"复选框，可以对抠出的半透明部分自动进行颜色调整，和周围颜色保持一致。在"输出到"下拉列表框中选择"新建图层"，单击"确定"按钮，输出结果为"背景副本"。

（8）新建一个"图层 1"，并把新建"图层 1"放在"背景 副本"图层的下面。图层之间的放置顺序如图 6-8 所示。

（9）将前景色调整为红色（或者自己喜欢的颜色），按住 Alt+Delete 快捷键填充前景色（按住 Ctrl+Delete 快捷键填充背景色）；也可以通过在菜单中选择"编辑"→"填充"命令，打开"填充"对话框，选择前景色进行填充，效果如图 6-9 所示。

图 6-8 图层之间的放置顺序

图 6-9 背景改为红色效果图

3. 扫描证书

扫描全能王 App 是一款功能强大的扫描和文档管理工具，可快速将纸质文件转换为数字文档，并提供各种编辑和管理功能。

扫描证书 .mp4

（1）在手机 App 应用市场下载安装扫描全能王 App，在移动设备上找到并单击扫描全能王 App的应用图标，打开应用程序。

（2）扫描纸质文件。在扫描全能王 App 的主界面上，将看到几个选项，如"智能扫描""扫描证件""导入图片"等。选择"智能扫描"选项，然后将相机对准要扫描的纸质文件。确保图像清晰可见，然后单击"拍照"按钮。可以继续扫描多个页面，直到完成扫描。

（3）编辑和调整扫描结果：扫描全能王 App 提供了一些编辑工具，可以调整扫描结果。可以对图片进行去污修复、画质强化等操作。使用这些工具对扫描结果进行编辑和调整。

（4）保存和管理文档：完成编辑后，可以选择保存扫描结果。单击"更多"按钮，可以选择"保存至相册"。也可以单击"分享"按钮，然后将扫描结果"以 PDF 分享"或"以 Word 分享"进行导出，如图 6-10 所示。扫描全能

图 6-10 将扫描结果导出

王 App 还提供文档管理功能。可以创建文件夹、重命名文件、导出文件等，以便更好地组织和管理扫描的文档。除了基本的扫描功能，扫描全能王 App 还提供了其他实用的功能，如 OCR 文字识别、自动边缘检测、云存储同步等。

4. 修改图片尺寸和分辨率

（1）在 Photoshop 中打开要修改的图片：在菜单中选择"文件"→"打开"命令，选择要修改的图片并单击"打开"按钮。

（2）修改图片尺寸：在菜单中选择"图像"→"图像大小"命令，打开"图像大小"对话框，如图 6-11 所示，可以手动输入新的尺寸，确保选中"约束比例"复选框，以避免图片变形。单击"确定"按钮保存修改。

图片、文档、视频及声音的制作.mp4

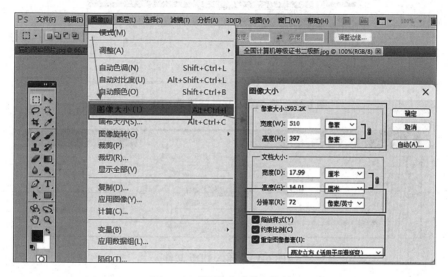

图 6-11　"图像大小"对话框

（3）修改图片分辨率：在"图像大小"对话框中可以手动输入新的分辨率。确保选中"重定图像像素"复选框，以避免像素失真。单击"确定"按钮保存修改。

（4）保存修改后的图片：在菜单中选择"文件"→"另存为"命令，输入新的文件名，在"格式"下拉列表框中选择文件格式，一般选择 JPEG 或 JPG 格式，然后单击"保存"按钮，即可保存修改后的图片。

5. PDF 文件的编辑

（1）将 Word 文档转换为 PDF 文档。打开 Word 应用程序，打开"个人简历.docx"文档，在菜单中选择"文件"→"另存为"命令，选择保存路径，输入文件名，在"保存类型"下拉列表框中选择"PDF(*.pdf)"，如图 6-12 所示。将"个人简历.docx"文档转换为 PDF 文档。用同样的方法将"个人信息 - 喵小猫.docx"文档转换为 PDF 文档。

（2）在 PDF 文件中插入另一个 PDF 文件。打开 PDF，选择"页面"→"插入页面"→"插入 PDF 文件"命令，如图 6-13 所示。从文件夹中选择被插入的 PDF 文件，这样就能在一个 PDF 文件中插入另一个 PDF 文件了，单击"保存"按钮即可。把"个人信息 - 喵小猫"PDF 文件插入"个人简历"PDF 文件中的效果图如图 6-14 所示。

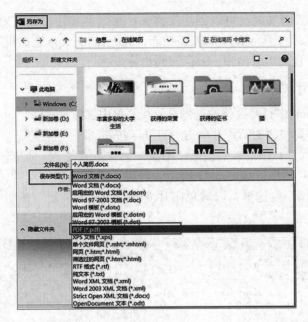

图 6-12 将 Word 文档转换为 PDF 文档

图 6-13 插入 PDF 文件

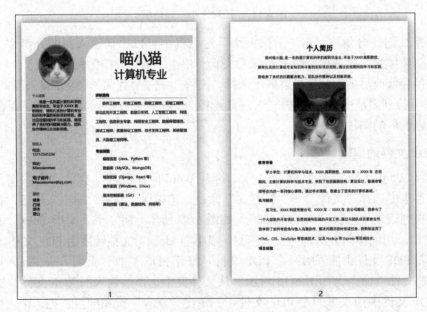

图 6-14 插入"喵小猫"PDF 文件后的效果图

（3）在 PDF 文件中插入图片文件。选择"页面"→"插入页面"→"插入图片文件"命令，如图 6-15 所示。从文件夹中选择被插入的图片文件，这样就能在一个 PDF 文件中插入图片，最后保存即可。把"自荐信 .jpg"图片插入"个人简历"PDF 文件中的效果图如图 6-16 所示。

图 6-15　插入图片文件

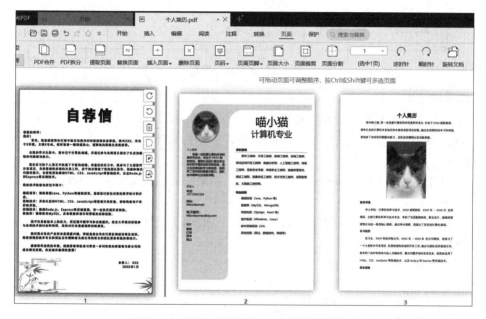

图 6-16　插入"自荐信 .jpg"图片效果图

（4）可拖动页面调整页面顺序，按 Ctrl 或 Shift 键可多选页面。选定一个页面，按住鼠标左键不放，拖动到目标位置，放开鼠标即可完成页面顺序调整。

（5）使用此 PDF 编辑软件，可以重构 PDF 中的文本、图片内容；修改文字字体、颜色、大小；插入矩形框链接即可快速开启文件及网页，或直接定位到某个页面。可以在文件任意位置插入空白页或者其他文件的页面，还可以在页面中插入文本及图片。提供 PDF 页面管理功能。可以将 PDF 文件分割成多个页面，还可以新建、提取、删除、裁剪及旋转页面。同时，还可以自定义页面样式，如修改 / 增加页眉、页脚、背景等。

6. 使用 EV 录屏软件制作视频

（1）首先下载 EV 录屏软件，下载完毕后安装运行。EV 录屏分为"本地录制"和"在线直播"两种模式，因为是录制自己计算机屏幕上的内容，在"常规"标签中，选择"本地录制"按钮，在"选择录制区域"下拉列表框中选择"全屏录制"。在"选择录制音频"下拉列表框中选择"仅麦克风"，设置如图 6-17 所示。

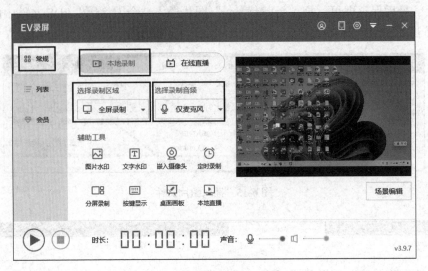

图 6-17 "常规"设置

录制区域说明如下。

① 全屏录制：录制整个计算机桌面。

② 选区录制：录制自定义区域（录制完成后，要去除选区桌面虚线，只需再单击全屏录制选项）。

③ 只录摄像头：选择单录摄像头（添加时，如果添加摄像头失败，请尝试选择不同大小画面）。

④ 不录视频：录制时只有声音，没有画面。一般用于录制 mp3 格式。

录制音频说明如下。

① 仅麦克风：声音来自外界，通过麦克风录入。

② 仅系统声音：计算机系统本身播放的声音。

③ 麦和系统声音：麦克风和系统的声音同时录入视频里，既有系统播放的声音也有通过麦克风录制的声音。

④ 不录音频：录制时只有画面，没有声音。

（2）录制开始 / 暂停。单击"开始 | 暂停"按钮或按 Ctrl+F1 快捷键（默认）开始录制；再单击"暂停"按钮或按 Ctrl+F2 快捷键（默认）结束录制；在录制过程中如需暂停，单击"开始 | 暂停"按钮，再次单击该按钮则继续录制。

（3）查看视频。在"列表"标签打开视频列表，双击视频文件即可播放视频；"文件位置"可快速定位到文件在计算机的哪个位置，如图 6-18 所示。将视频文件命名为"自荐信视频 .mp4"。

7. 使用 PowerPoint 制作视频

打开 PowerPoint 应用程序，制作"个人简历 .pptx"。在菜单中选择"文件"→"另存为"命令，选择保存路径，输入文件名，在"保存类型"里面选择"MPEG-4 视频 (*.mp4)"，

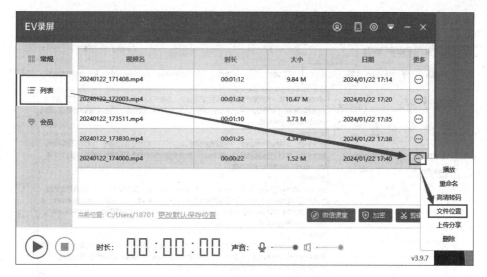

图 6-18　"列表"标签

如图 6-19 所示。将"个人简历 .pptx"文档转换为"个人简历视频 .mp4"（这个视频目前没有声音）。

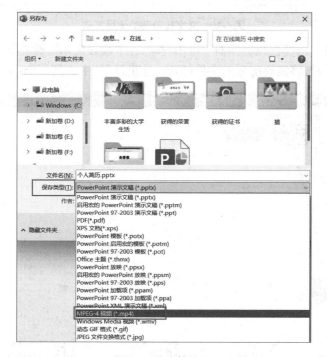

图 6-19　将 pptx 格式转换为 mp4 格式

8. 制作声音

（1）双击打开"文字语音转换器"应用程序，选择"文字转语音"标签，在编辑框中输入文字，也可以通过导入 txt 文件的方式导入文字，选择输出格式为 mp3，设置输出路径，然后单击"转换完整视频"按钮，如图 6-20 所示。即可完成声音制作。通过以上方法，完成"自我介绍音频 .wav"的制作。

图 6-20　文字转语音的使用方法

（2）双击打开"迅捷视频转换器"应用程序，在"视频配乐"标签下，单击"添加文件"按钮，如图 6-21 所示，将需要配乐的文件打开。这里打开"个人简历 .mp4"（目前没有声音）。

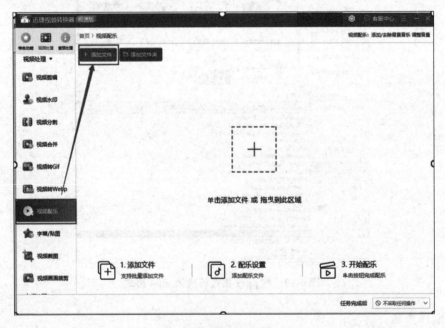

图 6-21　"视频配乐"标签

单击文件右侧的"配乐设置"按钮，如图 6-22 所示。打开"配乐设置"对话框。

图 6-22　视频配乐

在"配乐设置"对话框中，单击"AI 配音"按钮，如图 6-23 所示。打开"AI 配音"对话框。

图 6-23　"配乐设置"对话框

在"AI 配音"对话框中，输入配音的文字，或通过"导入 TXT 文件"的方法导入文字，然后设置主播类型、主播音量、主播语速、主播语调等信息，单击"保存配音"按钮，如图 6-24 所示。返回到"视频配乐"页面，单击"配乐"按钮，如图 6-25 所示。可以将视频和音频合并在一起。通过以上方法，完成"个人简历 .mp4"的制作（有声音）。

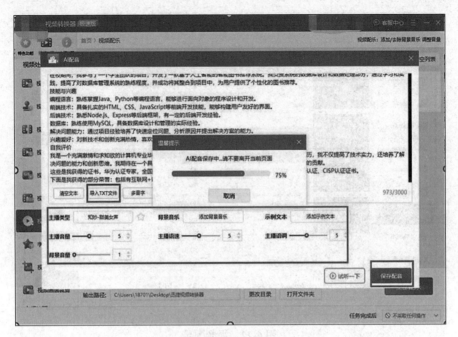

图 6-24 "AI 配音"对话框

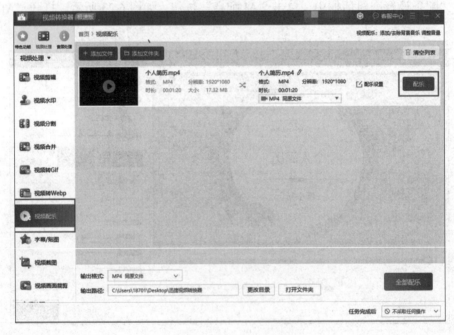

图 6-25 "配乐"设置

9. 视频合并

在"视频合并"标签下,单击"添加文件"按钮,可以打开多个需要合并的视频文件,这里添加自荐信和个人简历(有声音)两个视频文件,然后单击"开始合并"按钮,如图 6-26 所示。完成两个视频的合并。自荐信和个人简历(带声音)视频合并结果最终效果图如图 6-27 所示。

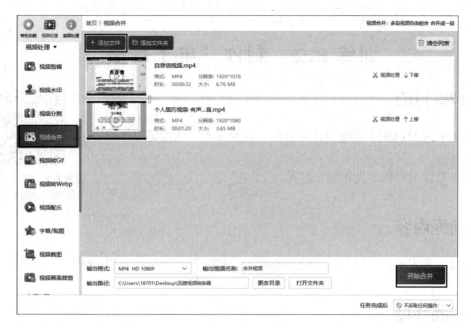

图 6-26 视频合并

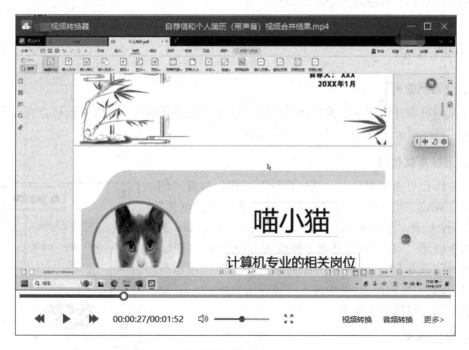

图 6-27 最终效果图

五、训练结果

自荐信和个人简历（带声音）视频合并结果最终效果图可参考图 6-27。

训练 6.2 制作"电子画册"

一、训练目的

（1）掌握 HTML 5 页面设计与制作，以及文本、图像等媒体编辑技术。

（2）掌握 HTML 5 发布的全过程。

训练 6.2 制作"电子画册".mp4

二、训练内容

以易企秀为平台，制作以"陶艺华章，艺术瑰宝"为主题的电子画册。

三、训练环境

Windows 10、Microsoft Office 2021

四、训练步骤

1. 登录易企秀

打开浏览器并访问易企秀官网，注册、登录。登录成功后，可以看到易企秀提供分门别类的"页面模板"，单击"电子画册"按钮。

2. 选择页面模板

在工作台页面左侧单击"创建设计"按钮，打开"创建作品"弹窗，电子画册有"空白创建"和"模板创建"两种类型：选择"空白创建"，自己一页一页设计页面；选择"模板创建"，在模板的基础上修改即可快速制作完成。这里选择"模板创建"，在下方结果中选择"简约风旅行手册电子画册"页面模板，单击进入模板详情页面。单击"制作"按钮进入编辑工作界面。

图 6-28 添加文字

3. 页面编辑

1）文字操作

（1）添加文字。在编辑工作界面，可以单击"添加文字"按钮，添加文本框，输入文字进行排版，如图 6-28 所示。

（2）修改文字内容。双击选中文本，可修改文字内容等。

（3）设置文字样式。单击选中文本，可单击右侧的字体样式、字体颜色、字号大小以及段落样式进行修改，如图 6-29 所示。

图 6-29　设置字体样式

（4）文字特效设置。选中文本，单击特效后面的"+"按钮，弹出"文字样式"窗口，选择合适的文字样式即可应用，如图 6-30 所示。支持特效更换、删除和预览；单击"预览 / 设置"按钮，即可对此页面的特效设置进行整体预览。

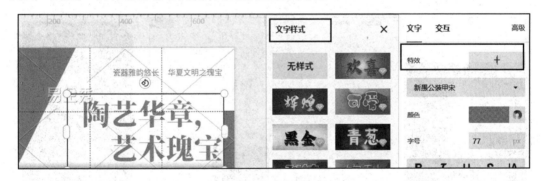

图 6-30　文字特效设置

2）图片操作

（1）替换图片。

方法一：双击图片，打开"图片库"对话框，并可选择从手机相册选择照片或在图片库中选择正版图片素材，也可以在线作图或者上传图片，如图 6-31 所示。

方法二：从素材库或图片库中选择图片并拖曳到图片框来替换图片。

（2）设置图片样式。图片添加完成后，选中图片，可以对图片进行编辑，设置模糊、透明度、圆角样式、翻转，添加特效，设置容器样式，还可以通过换、抠图、裁切、美化组件按钮对图片进行相应操作，如图 6-32 所示。

图 6-31　"图片库"对话框

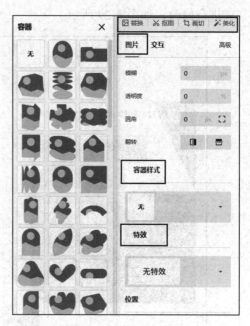

图 6-32　图片设置弹窗

选中图片，单击"抠图"组件按钮，打开"抠图"对话框，使用"自动抠图"可以快速去掉图片背景，如图 6-33 所示。单击"完成"按钮返回编辑窗口。

选中图片，单击"裁切"组件按钮，进入裁切界面，调整控制点进行缩放，单击"√"按钮确认裁切，如图 6-34 所示。

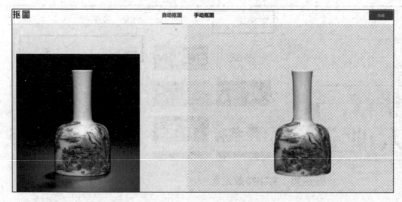

图 6-33　"抠图"对话框

图 6-34　裁切界面

选中图片，单击"美化"组件按钮，进入美化界面，可以对图片的色彩进行基础美化和滤镜美化。基础美化可以设置对比度、饱和度、亮丽度等，如图 6-35 所示。滤镜美化有油彩画章、怀旧、单色印象等样式，如图 6-36 所示。

在图片美化界面，可以对图片进行基础裁剪和高级裁剪。基础裁剪可以自由裁剪，自定义设置宽和高，然后单击"应用"按钮就可完成裁剪。在高级裁剪中，单击选择裁剪的样式，然后单击"应用"按钮，可以将裁剪结果设置成所选的样式，如图 6-37

图 6-35　图片美化—色彩—基础美化

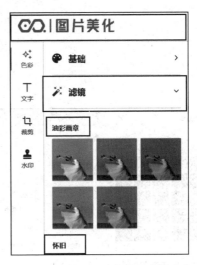

图 6-36　图片美化—色彩—滤镜美化

所示。

在图片美化界面,可以对图片添加文字水印和图片水印,如图 6-38 所示。在"文字水印"选项中,在"水印内容"文本框中输入内容,并可以设置文字的字体、颜色、字号、粗细、投影等。在"图片水印"选项中,可以上传水印图片,并可以设置图片的尺寸、透明度、水印位置等。

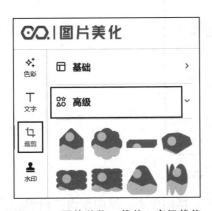

图 6-37　图片美化—裁剪—高级裁剪

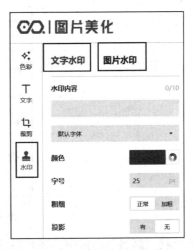

图 6-38　图片美化—水印

在图片的"高级"弹窗中,还可以设置投影样式、描边颜色、描边粗细等,如图 6-39所示。

(3)图片特效设置。选中图片,单击特效的下三角按钮,弹出"特效"窗口,选择合适的特效即可应用,如图 6-40 所示。

3)形状操作

在页面中双击"形状"按钮,打开"形状"弹窗,选择合适的形状,然后单击该形状

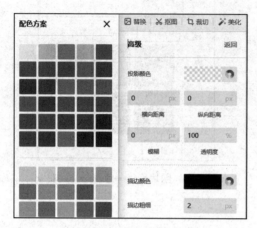

图 6-39 图片的"高级"弹窗

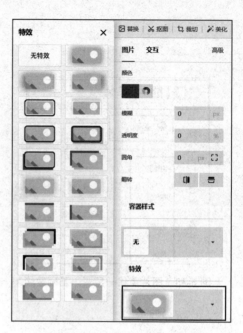

图 6-40 图片特效设置

就可以应用。单击形状，在右侧"形状"选项中，可以根据需要设置形状的纯色和渐变颜色、圆角、翻转等样式，如图 6-41 所示。

图 6-41 "形状"弹窗

在形状"高级"弹窗中，还可以设置投影颜色、横向距离、纵向距离、模糊、透明度等，设置和效果图如图 6-42 所示。

4）设置页面背景

"背景"功能是在浏览页面时展示背景样式，提高视觉体验。

单击页面右侧"背景"按钮，会自动弹出纯色、背景图、纹理、纯色覆盖四个样式。如图 6-43 所示。"纯色"可以对背景进行颜色的修改设置；"背景图"可以对单页进行背景图的设置，支持本地上传和样式推荐使用，预览作品的时候即可看到背景图效果；"纹理"用纹理作为背景；"纯色覆盖"用颜色覆盖页面。

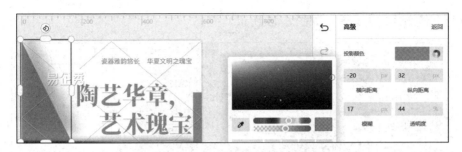

图 6-42   形状"高级"弹窗和投影效果

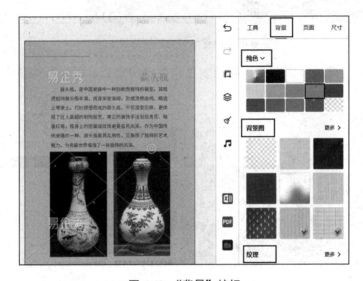

图 6-43   "背景"按钮

5）设置画册背景主题

在电子画册编辑器中，单击"预览/设置"按钮，在"背景主题"选项中，即可对画册的背景进行修改。

（1）选择以"图片"为背景。我们可以任意选择画册中的某一页，进行模糊处理后，作为电子画册的背景，如图 6-44 所示。

图 6-44   设置图片为画册背景主题

（2）选择以"场景"为背景。选择一张系统提供的图片作为背景，也可以单击"+"

按钮自行上传图片作为背景，如图 6-45 所示。

图 6-45　设置场景为画册背景主题

（3）选择以"颜色"为背景。以纯颜色作为画册背景，可自行调整颜色，如图 6-46 所示。

图 6-46　设置颜色为画册背景主题

6）页面的插入和调整

（1）新建一个页面。一般有两种方式，可以选择复制当前页面，或者通过单击"…"按钮，在级联菜单中选择"向前插入一页"或"向后插入一页"命令来新建页面，如图 6-47 所示。

图 6-47　"插入页面"菜单

（2）调整页面顺序。选中页面，按住鼠标左键拖动到合适位置，放开鼠标左键，即可成功调整页面顺序。

（3）使用辅助工具。在编辑页面时，为了方便文字排版，可以使用标尺工具。单击"标尺"按钮，在弹出的级联菜单中，设置显示标尺，拉出参考线。设置显示网格，并设置横格和纵格值，如图 6-48 所示。

4. 添加背景音乐

方法一：单击"设置背景音乐"按钮，如图 6-49 所示，打开"音乐库"对话框，音乐库为官方提供的音乐素材。

在音乐库中选择一首歌曲后，单击"免费试用"按钮，就可以把选中的歌曲设置为背景音乐。在音乐库中，单击"字转成音乐"按钮，可以把文字转成音乐，单击"上传音乐"

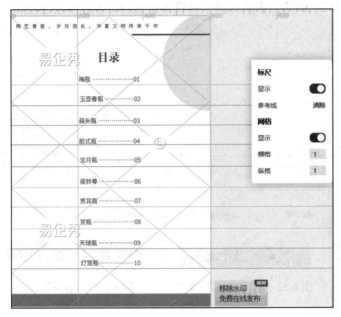

图 6-48　使用标尺工具

图 6-49　"设置背景音乐"按钮

按钮可以自主上传音乐，如图 6-50 所示。

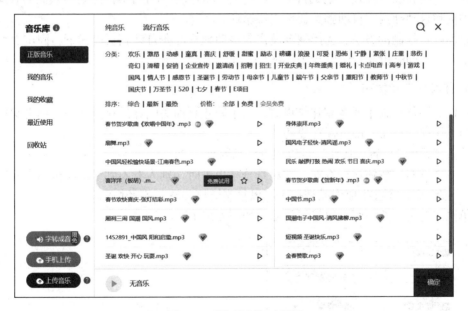

图 6-50　"音乐库"对话框

在"字转成音乐"对话框中，在文本框中输入要转为音频的内容，输入音频标题，还可以设置语速、音量等，如图 6-51 所示。

方法二：在电子画册编辑器中，单击右上角"预览 / 设置"按钮，在"音乐设置"选项中，单击"添加背景音乐"按钮，如图 6-52 所示。此时，将会打开"音乐库"对话框。添加上背景音乐后，在浏览电子画册时，将会自动播放。

3D 电子画册的翻页声音也可以调整，系统提供了多种声音选择，如图 6-53 所示。

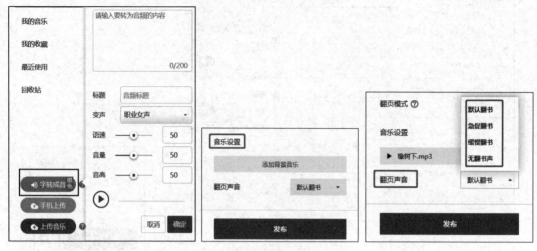

图 6-51　"字转成音乐"对话框　　　图 6-52　"音乐设置"选项　　　图 6-53　设置翻页声音

5. 控制翻页效果

在电子画册编辑器中，单击"预览/设置"按钮，在"翻页设置"选项中，可控制画册的翻页方向和翻页模式。翻页方向可设置为：左右翻页和上下翻页；翻页模式可设置为：手动翻页和自动翻页。自动翻页暂不支持循环。

自动翻页控制的方法：选择翻页模式为自动翻页。在自动翻页模式下，固定 3 秒自动翻到下一页，同时也支持浏览者手动翻页，如图 6-54 所示。

6. 作品保存和发布

在作品制作过程中或者制作结束时，为了防止页面关闭导致作品丢失，单击编辑页面顶部的"保存"按钮，即可保存成功。

单击"预览/设置"按钮，可以预览作品效果。

单击"发布"按钮进行发布。在场景分享出去时，别人看不到最新编辑的内容，单击"发布"按钮后，才会生成作品链接，可以复制链接分享，或者扫码分享。

单击"退出"按钮则退出编辑页面，如图 6-55 所示。

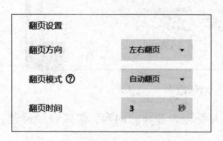

图 6-54　翻页设置　　　　　　　　　图 6-55　"保存"和"发布"按钮

最终效果图如图 6-56~ 图 6-62 所示。

图 6-56　最终效果图首页

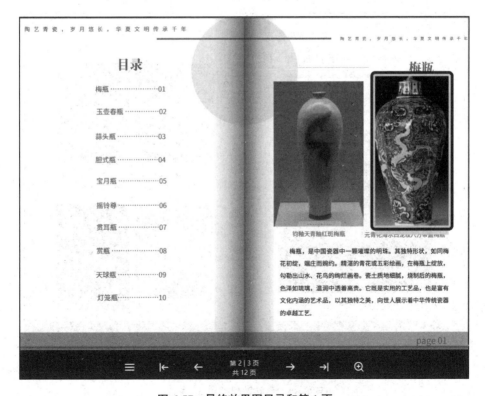

图 6-57　最终效果图目录和第 1 页

图 6-58 最终效果图第 2、3 页

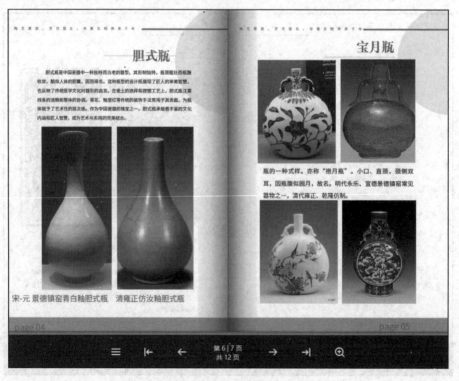

图 6-59 最终效果图第 4、5 页

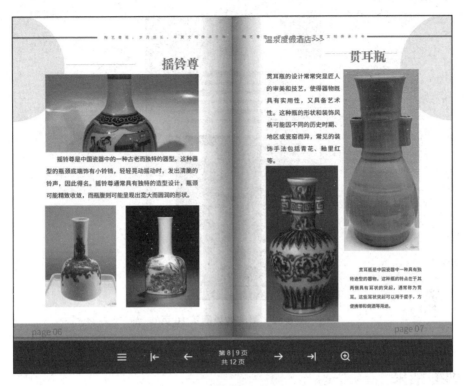

图 6-60　最终效果图第 6、7 页

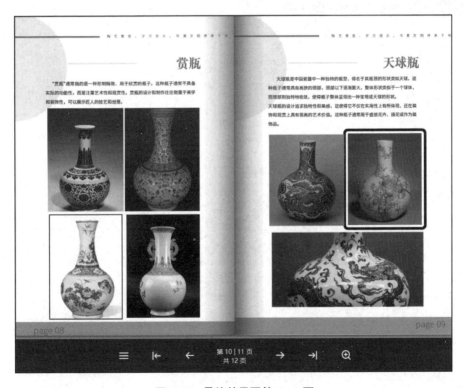

图 6-61　最终效果图第 8、9 页

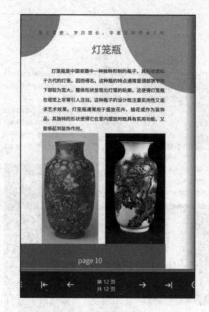

图 6-62　最终效果图第 10 页

五、训练结果

训练结果可参考图 6-56~ 图 6-62。

综合实训 7 项目管理应用体验

训练 7.1 机房服务器安装项目

一、训练目的

（1）熟悉项目管理软件 ONES Project 的基本操作。

（2）学会应用 ONES Project 软件工具从事项目管理工作。

训练 7.1 机房服务器安装项目 .mp4

二、训练内容

为 ×× 学校机房安装 3 台服务器，15 天内交付使用。使用 ONES Project 安排任务。

三、训练环境

Windows 10、Microsoft Office 2016

四、训练步骤

1. 创建项目

1）ONES Project 总界面

注册登录后，进入 ONES Project，我们先来看一下总界面，如图 7-1 所示。在加入团队后，即会进入"我的工作台"，将会看到概览、仪表盘、筛选器以及工时情况。

（1）概览会体现常用仪表盘、最近浏览的项目、最近浏览的页面组。

（2）仪表盘可进行仪表盘、项目、页面组的新建和配置。仪表盘设计布局可以按个人喜好，自由添加数据报表、自定义数据报表、迭代概览、数字指标、工作项列表、日期统计、项目表格、公告、版本列表、使用引导、最近浏览的项目、最近浏览的页面组共 12 种卡片。

（3）筛选器可以让用户快速触达需要关注的工作项读取信息，工作台的筛选范围为当前组织下的所有项目。

（4）ONES 可以根据任务中登记的预估和实际工时生成各类报表，你可以通过这些报表对比实际工时与预估工时的偏差，更好地进行项目和迭代周期规划等。

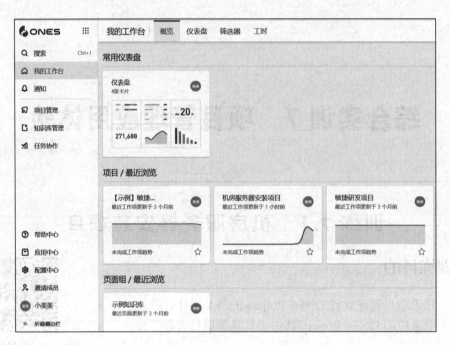

图 7-1   ONES Project 总界面

2）新建项目

新建项目是 ONES 进行项目管理的第一步。单击面板左侧的"项目管理"按钮，在弹出的页面中选择"新建项目"命令，弹出"新建项目"对话框，如图 7-2 所示。输入项目名称：机房服务器安装项目，可以选择不同的模板。

图 7-2   "新建项目"对话框

ONES 结合不同的开发模式，内置有敏捷项目管理、瀑布项目规划、通用任务管理、简单看板任务管理等多个项目模板，模板内预设了常用组件、工作项类型和相关报表，通过模板新建项目后，也可根据实际情况对默认配置进行编辑和调整。

（1）敏捷项目管理：通过内置的敏捷研发管理组件，可以轻松实现迭代管控、需求分配、缺陷管理等核心研发工作，通过各类报表实时掌控项目进度状况。包含项目概览、迭代、迭代计划、需求、缺陷、任务、筛选器、文档、报表、成员组件。

（2）瀑布项目规划：通过内置的项目计划组件，可以轻松实现里程碑计划、WBS 工作分解等项目规划工作，通过项目计划甘特图实时掌控项目进度状况。包含项目概览、项目计划（甘特图）、里程碑、交付物、任务、文档、报表、成员组件。

（3）通用任务管理：简单易用的通用任务处理模板，适用于诸如个人安排等活动管理。包含组件：项目概览、任务、报表、成员。

（4）简易看板任务管理：通过可视化的流程看板和任务卡片，实现团队对任务的追踪、协作、推进，适用于团队研发、测试验收、需求管理等多种协作场景。

管理流程、关键数据相同的项目，可以选择从已有项目复制项目组件、工作项类型、权限配置等信息和项目数据。

这里我们选择"瀑布项目规划"模板。单击"下一步"按钮,弹出"邀请成员加入项目"对话框，如图 7-3 所示，可以进行成员邀请。我们可以发送邀请链接到未注册用户的邮箱，输入被邀请人的邮箱，支持批量输入。单击"发送邀请"按钮，发送邀请链接到用户邮箱。邀请确认之后的人员如图 7-4 所示。

图 7-3 "邀请成员加入项目"对话框

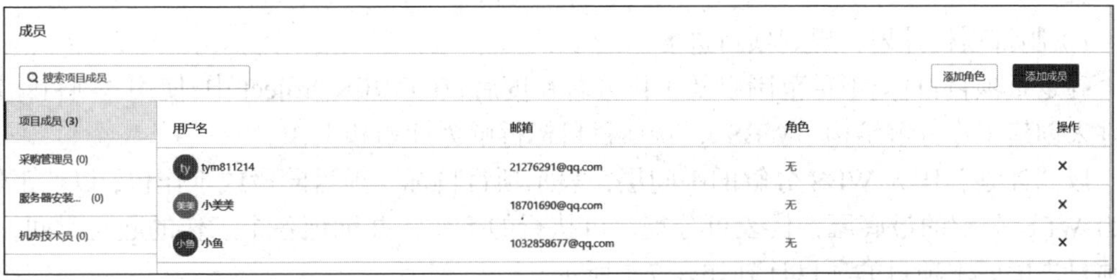

图 7-4 邀请确认之后的人员

新建项目之后的界面如图 7-5 所示，有三个状态可供选择：未开始、进行中、已完成。在"概览"组件的"项目信息"栏中设置"项目计划周期"为：4月8日到4月16日。单击"编辑概览"按钮，单击"添加卡片"按钮，在弹出的"选择卡片类型"对话框中，可以把选中的卡片添加到概览界面中，如图 7-6 所示。

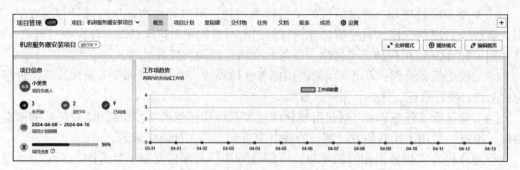

图 7-5 新建项目之后的界面

图 7-6 "选择卡片类型"对话框

2. 具体实施

1）制订项目计划，规划项目进度

确定了项目目标、项目范围以及工作分解粒度后，在 ONES Project 中，使用"项目计划"组件来创建工作分解结构（WBS），将项目目标拆解为计划和工作。

以"计划"作为 WBS 分解的中间层，表示项目目标、项目阶段或工作包；以"工作"作为 WBS 分解的最底层，代表可分配、可执行的工作，并标记各个工作的起止时间，规划项目进度。本项目的项目计划如表 7-1 所示。

表 7-1　项目计划

序号	节点号	ID	标　题	类型	进度	负责人	开始日期	完成日期	前置依赖	后置影响
1	1	18	服务器采购	计划组	100%	小鱼	2024/04/08	2024/04/12	—	—
2	1.1	23	发出采购订单	计划	100%	小鱼	2024/04/08	2024/04/08	—	3FS
3	1.2	26	服务器配送	计划	100%	小鱼	2024/04/09	2024/04/11	2FS	4FS
4	1.3	25	服务器签收	计划	100%	小鱼	2024/04/12	2024/04/12	3FS	10FS
5	2	19	机房准备	计划组	100%	tym811214	2024/04/08	2024/04/10	—	—
6	2.1	27	机房清理	计划	100%	tym811214	2024/04/08	2024/04/08	—	7FS
7	2.2	28	空调安装	计划	100%	tym811214	2024/04/09	2024/04/09	6FS	8FS
8	2.3	29	服务器机柜安装	计划	100%	tym811214	2024/04/10	2024/04/10	7FS	10FS
9	3	20	服务器安装	计划组	62%	小美美	2024/04/13	2024/04/16	—	—
10	3.1	30	安装服务器	计划	100%	小美美	2024/04/13	2024/04/13	4FS、8FS	11FS
11	3.2	31	配置服务器	计划	100%	小美美	2024/04/14	2024/04/14	10FS	12FS
12	3.3	32	最终的功能测试和验收测试	计划	50%	小美美	2024/04/15	2024/04/15	11FS	13FS
13	3.4	33	培训相关人员	计划	0%	小美美	2024/04/16	2024/04/16	12FS	15FS
14	4	21	竣工完成	计划组	0%	小美美	2024/04/17	2024/04/17	—	—
15	4.1	52	项目完成	计划	0%	小美美	2024/04/17	2024/04/17	13FS	—

注：前置依赖、后置影响各有 开始 - 开始（SS）、开始 - 结束（SF）、结束 - 开始（FS）、结束 - 结束（FF）四种类型。使用序号及前置类型标识来表示对象之间的前后置依赖关系。例如：在前置依赖中，2FS 表示序号为 2 的对象完成之后，当前对象才能开始；在后置影响中，2FS 表示当前对象完成之后，序号为 2 的对象才能开始。

单击"项目计划"组件，在"项目计划"界面中单击"计划"按钮，弹出"新建计划"对话框，如图 7-7 所示。在对话框中输入标题，选择负责人，确认开始日期和结束日期。

图 7-7　"新建计划"对话框

在本项目中计划总分成服务器采购、机房准备、服务器安装、竣工完成四项。

然后选中"服务器采购"，单击"新建子层级"按钮，如图 7-8 所示，分别输入发出采购订单、服务器配送、服务器签收三个子层级计划。用同样的方法在"机房准备"任务下面输入机房清理、空调安装、服务器机柜安装三个子层级计划。在"服务器安装"任务下输入安装服务器、配置服务器、最终的功能测试和验收测试、培训相关人员四个子层级计划。在"竣工完成"任务下输入项目完成子层级计划，并根据计划进度设置完成百分比，如图 7-9 所示。

图 7-8　新建子层级

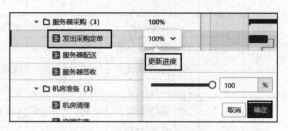

图 7-9　设置完成百分比

选中计划，单击"跳转详情"按钮，如图 7-10 所示，在弹出的界面中，可以设置关联内容、前置依赖、后置影响。

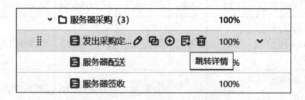

图 7-10　"跳转详情"按钮

单击"关联内容"标签，单击"关联工作项"按钮，在弹出的"关联内容"对话框中，选中对应的"关联工作项"前面的复选框即可。

单击"前置依赖"标签，单击"添加前置依赖"按钮，在弹出的"添加前置依赖"对话框中，可选的前置依赖关系有开始-开始、开始-完成、完成-开始、完成-完成四种。然后选择依赖的工作项。设置"后置影响"的方法和设置"前置依赖"的方法类似。

这里以"安装服务器"为例进行设置：选中安装服务器工作项，单击"跳转详情"按钮，关联内容有服务器签收、服务器机柜安装、配置服务器三项。前置影响的依赖关系选择完成-开始，表示服务器签收、服务器机柜工作安装完成后，安装服务器工作才能开始。设置后的显示结果如图 7-11 所示。后置影响的依赖关系选择完成-开始，表示安装服务器工作完成之后，配置服务器工作才能开始，设置后的显示结果如图 7-12 所示。

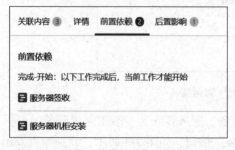

图 7-11　设置"前置依赖"后的显示结果

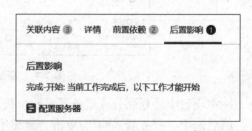

图 7-12　设置"后置影响"后的显示结果

设置完成关联内容、前置依赖、后置影响之后的效果如图 7-13 所示。

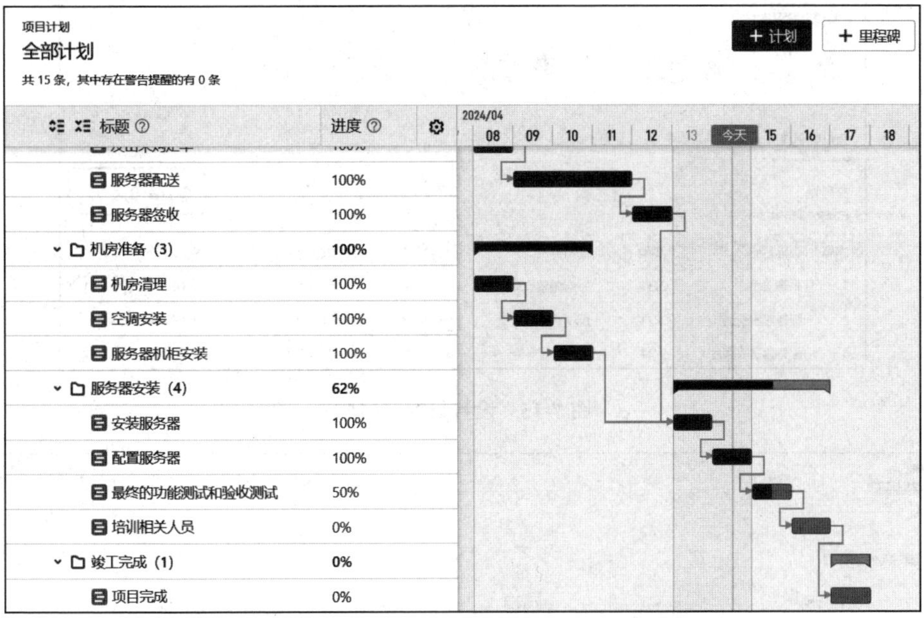

图 7-13 设置完成关联内容、前置依赖、后置影响之后的效果图

2）创建里程碑，监控项目进度

在甘特图中设置里程碑，通过里程碑将项目进度分解为不同阶段的目标，用于度量项目进度，确保项目总目标实现。

可以创建和管理交付物，并关联到相应的里程碑，ONES 支持将交付物设置为文件或链接。每一份交付物的完结标志着该阶段的工作已完成，研发工作可以进入下一阶段。

单击"里程碑"组件，在"里程碑"界面中单击"里程碑"按钮，弹出"新建里程碑"对话框，如图 7-14 所示。在对话框中输入标题，选择负责人，确认结束日期。

图 7-14 "新建里程碑"对话框

单击里程碑"服务器采购"，在弹出的界面中，单击"设置目标交付物"按钮，如图 7-15 所示，可以新建目标交付物，并上传交付物的文件或编辑链接。设置里程碑之后的效果图如图 7-16 所示，设置目标交付物之后的效果图如图 7-17 所示。

3）任务管理

ONES Project 通过"任务"这一工作项类型和对应组件，帮助你管理日常业务场景中的通用工作项。例如在确认并规划好需求之后，即可将需求分解成更加明晰的任务，并与

155

图 7-15　设置目标交付物

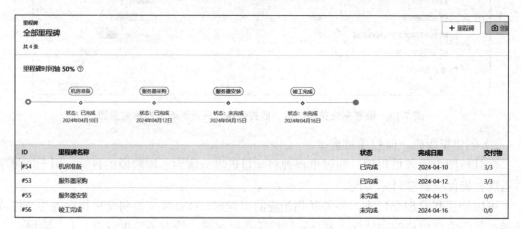

图 7-16　设置里程碑之后的效果图

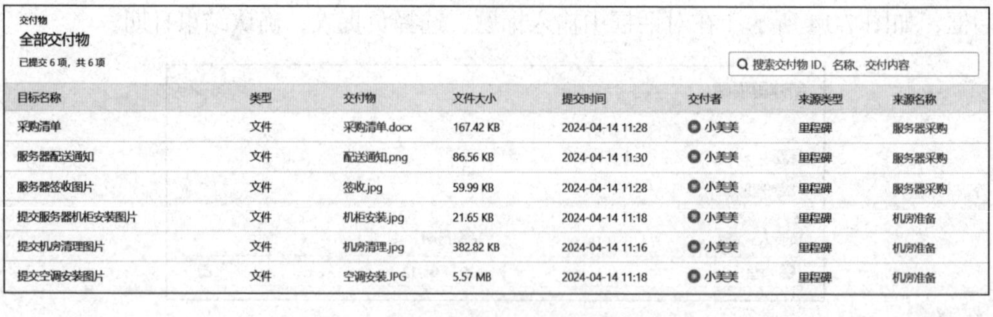

图 7-17　设置目标交付物之后的效果图

原有任务关联起来，方便后续协作和追踪。

在本项目中任务总分成服务器采购、机房准备、服务器安装、竣工完成四个部分。

服务器采购任务包含发出采购订单、服务器配送、服务器签收三个子任务。

机房准备任务包含机房清理、空调安装、服务器机柜安装三个子任务。

服务器安装任务包含安装服务器、配置服务器、最终的功能测试和验收测试、培训相关人员四个子任务。

竣工完成任务包含项目完成一个子任务。本项目的任务和子任务如表 7-2 所示。

表 7-2　任务和子任务

标题	优先级	状态	负责人	截止日期	预估工时 /h	已登记工时 /h	剩余工时 /h
服务器采购	普通	已完成	小鱼	2024/4/12		0	
发出采购订单	普通	已完成	小鱼	2024/4/8	8	8	0
服务器配送	普通	已完成	小鱼	2024/4/11	24	24	0
服务器签收	普通	已完成	小鱼	2024/4/12	8	8	0
机房准备	普通	已完成	tym811214	2024/4/10		0	
机房清理	普通	已完成	tym811214	2024/4/8	8	8	0
空调安装	普通	已完成	tym811214	2024/4/9	8	8	0
服务器机柜安装	普通	已完成	tym811214	2024/4/10	8	8	0
服务器安装	普通	进行中	小美美	2024/4/15		0	
安装服务器	普通	已完成	小美美	2024/4/13	8	0	8
配置服务器	普通	未开始	小美美	2024/4/14	8	0	8
最终的功能测试和验收测试	普通	未开始	小美美	2024/4/15	4	0	4
培训相关人员	普通	未开始	小美美	2024/4/15	4	0	4
竣工完成	普通	未开始	小美美	2024/4/16	0	0	8
项目完成	普通	未开始	小美美	2024/4/16	8	0	8

（1）新建任务。单击 ONES Project 顶栏"任务"标签，单击"建任务"按钮，弹出"建任务"对话框，如图 7-18 所示，输入任务标题，关联已有工作项，输入预估工时，选择关注者等。可以为不同的任务类型配置属性表单，能快速制订任务的负责人、优先级、截止日期等选项。可以完善任务描述或备注等信息。

图 7-18　"建任务"对话框

（2）新建子任务。子任务通常用于将复杂的标准工作项拆分为更小的模块，帮助团队更好地理解和预估工作项范围。

选中“服务器采购”任务，在右侧“子工作项”中，单击“新建子工作项”按钮，如图 7-19 所示，输入发出采购订单、服务器配送、服务器签收三个子任务。注意：工作项类型选择“子任务”。同样的方法在“机房准备”任务下面输入机房清理、空调安装、服务器机柜安装三个子任务。在“服务器安装”任务下输入安装服务器、配置服务器、最终的功能测试和验收测试、培训相关人员四个子任务。

（3）任务或子任务的编辑。如果任务或子任务需要修改，先选定任务或子任务，然后单击“更多”按钮，如图 7-20 所示，在下拉列表中，可以复制、删除、变更工作项类型等。

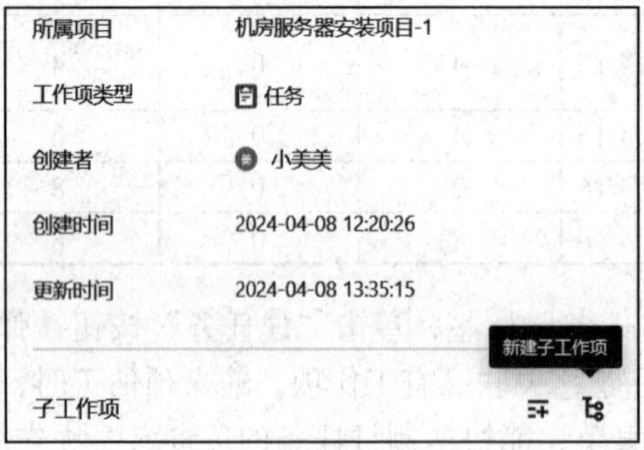

图 7-19 “新建子工作项”按钮

图 7-20 “更多”按钮

进入工作状态，按排期查看某个任务，变更状态为进行中；完成任务后，更新任务状态为已完成。在状态下拉列表中直接选择就可变更状态，如图 7-21 所示。

图 7-21 更改状态

（4）工时管理。ONES 系统提供一整套完整的工时管理系统，帮助团队收集、统计成员在项目、迭代上的预估工时和剩余工时情况，并以多维度的报表展示工时的投入和使用情况，更加科学、透明地展示团队的工作状态，帮助进行团队进行成本控制和管理。

项目成员可根据任务情况，在工作项中填写预估工时和剩余工时。根据已经填写的工时信息，可以查看工时进度和预估偏差。

以“发出采购订单”子任务为例进行填写。

选定“发出采购订单”子任务,在右侧的“工时信息”标签里设置预估工时为：8 小时，如图 7-22 所示。然后，单击“工时”标签里的“登记工时”按钮，在弹出的“添加成员登记工时”对话框中，如图 7-23 所示，输入实际投入时长为 8 小时。设置预估工时和登记工时后的效果图如图 7-24 所示。

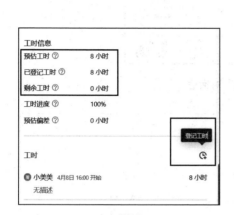

图 7-22　设置预估工时

图 7-23　"添加成员登记工时"对话框

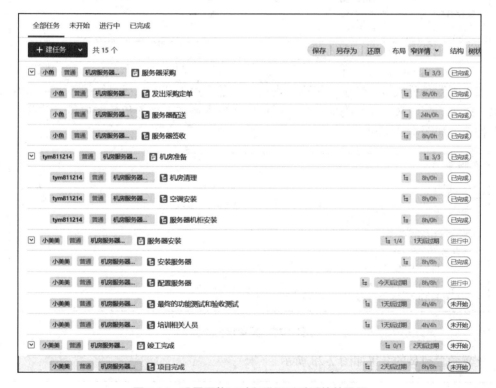

图 7-24　设置预估工时和登记工时后的效果图

4）人员管理

（1）添加角色。单击 ONES 顶栏"成员"标签，单击"添加角色"按钮，在选择角色的下拉列表中进行选择。如果列表中没有找到你想要的，就需要单击"新建角色"按钮，弹出"新建角色"对话框，如图 7-25 所示，新建采购管理员、机房技术员、服务器安装工程师三个角色。然后将这三个角色添加到本项目中，如图 7-26 所示。

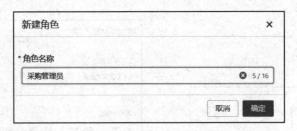

图 7-25 "新建角色"对话框

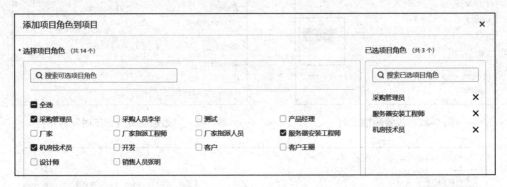

图 7-26 添加项目角色到项目

（2）配置角色成员。选中"采购管理员"角色，单击"添加成员"按钮，可以搜索用户名、邮箱、部门来快速找到成员。在弹窗中选择需要加入当前角色的成员，并单击"确定"按钮，如图 7-27 所示。

图 7-27 配置角色成员

配置角色成员的结果如图 7-28 所示。

用户名	邮箱	角色	操作
ty tym811214	21276291@qq.com	机房技术员	✕
小美美	18701690@qq.com	服务器安装工程师	✕
小鱼 小鱼	1032858677@qq.com	采购管理员	✕

图 7-28 配置角色成员的结果

5）报表

报表组件提供了多维度的数据统计能力，包括任务分析报表、工时分析报表等，如图 7-29 所示，帮助项目管理员或项目成员管理项目进度、质量，进行项目汇报。

报表	K	我创建的 (24)				
我创建的 (24)		报表名称	所属分组	创建者	最后更新时间	操作
所有报表 (24)		成员工时日志报表	工时分析	小美美	2024-04-13 16:09	...
分组	+	成员 (登记人)-迭代工时总览	工时分析	小美美	2024-04-13 16:09	...
任务分析 (9)		成员 (登记人)-每天工时总览	工时分析	小美美	2024-04-13 16:09	...
工时分析 (15)		成员 (登记人)-每月工时总览	工时分析	小美美	2024-04-13 16:09	...
无所属分组 (0)		成员 (登记人)-每周工时总览	工时分析	小美美	2024-04-13 16:09	...
		成员 (登记人)-状态类型工时总览	工时分析	小美美	2024-04-13 16:09	...
		成员 (负责人)-迭代工时总览	工时分析	小美美	2024-04-13 16:09	...
		成员 (负责人)-每天工时总览	工时分析	小美美	2024-04-13 16:09	...
		成员 (负责人)-每月工时总览	工时分析	小美美	2024-04-13 16:09	...
		成员 (负责人)-每周工时总览	工时分析	小美美	2024-04-13 16:09	...
		成员 (负责人)-状态类型工时总览	工时分析	小美美	2024-04-13 16:09	...
		迭代工时日志报表	工时分析	小美美	2024-04-13 16:09	...
		每日工时日志报表	工时分析	小美美	2024-04-13 16:09	...
		每月工时日志报表	工时分析	小美美	2024-04-13 16:09	...
		每周工时日志报表	工时分析	小美美	2024-04-13 16:09	...
		任务创建者分布	任务分析	小美美	2024-04-13 16:09	...
		任务负责人分布	任务分析	小美美	2024-04-13 16:09	...
		任务负责人停留时间分布	任务分析	小美美	2024-04-13 16:09	...

图 7-29 各种报表

五、训练结果

我们可以看到：项目管理工具 ONES 提供资源分配、进度跟踪、成本管理等功能，促进团队协作与沟通，有效降低项目风险，提高项目透明度和成功交付的概率。

训练 7.2 在线订餐手机 App 开发项目

一、训练目的

（1）会利用项目管理工具进行项目创建和管理。
（2）会利用项目管理工具实现工作分解和进度计划编制。
（3）会应用工具进行资源管理、进度计划优化。

训练 7.2 在线订餐手机 App 开发项目 .mp4

二、训练内容

开发一个手机 App，实现在线订餐服务，该项目计划在 2 个月完成，并在市场上推出。使用 Microsoft Project 安排任务。

三、训练环境

Windows 10、Microsoft Office 2016

四、训练步骤

1. 创建项目

（1）启动 Project 2016，在菜单中选择"文件"→"新建"命令，单击"空白项目"按钮，新建项目，如图 7-30 所示。

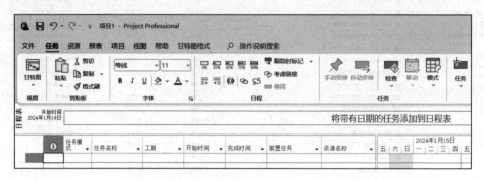

图 7-30　新建空白项目窗口

也可以基于某一模板进行创建，如图 7-31 所示。基于"创建预算"模板新建项目的效果如图 7-32 所示。

（2）单击位于 Project 窗口状态栏左边的"新任务：自动计划"按钮，在下拉列表中选择"自动计划-任务日期由 Microsoft Project 计算。"命令，如图 7-33 所示。

2. 具体实施

1）范围管理

范围管理涉及确定并管理成功完成项目所需的所有工作。本项目包含规划阶段、设计阶段、开发阶段、测试阶段、上线阶段五个任务。

（1）规划阶段任务包含定义项目范围、目标和制订项目计划，确定所需资源和团队成员，进行市场调研和竞品分析三个子任务。

（2）设计阶段任务包含制订 App 的功能需求文档、设计用户界面和用户体验、确定数据库和系统架构三个子任务。

（3）开发阶段任务包含程序员进行编码和开发、进行持续集成和测试、开发支付和订单处理功能三个子任务。

（4）测试阶段任务包含进行系统测试、性能测试和安全性测试，修复发现的缺陷和问题两个子任务。

（5）上线阶段任务包含部署到生产环境、发布 App 到应用商店、进行市场推广和宣传三个子任务。

具体操作步骤如下。

（1）输入任务。在"任务名称"列输入规划阶段、设计阶段、开发阶段、测试阶段、上线阶段五项任务。

（2）输入子任务。在规划阶段任务下面一行右击，选择"插入新任务"，分别输入定义项目范围、目标和制订项目计划，确定所需资源和团队成员，进行市场调研和竞品分析

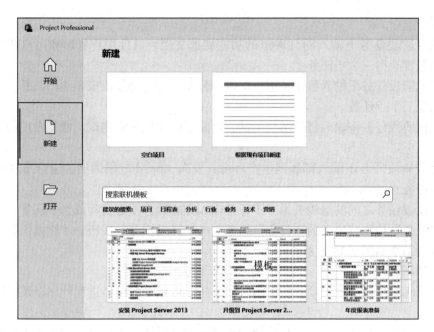

图 7-31　基于模板新建项目

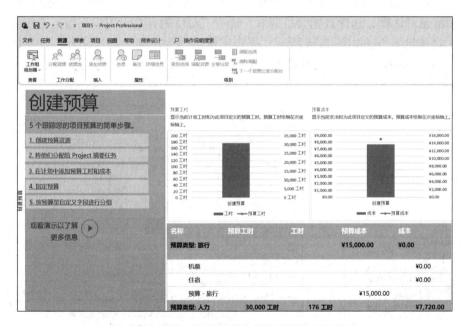

图 7-32　基于"创建预算"模板新建项目的效果

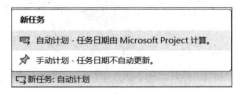

图 7-33　"新任务"窗口

三个子任务。

在设计阶段任务下输入制订 App 的功能需求文档、设计用户界面和用户体验、确定数据库和系统架构三个子任务。

在开发阶段任务下输入程序员进行编码和开发、进行持续集成和测试、开发支付和订单处理功能三个子任务。

在测试阶段任务下输入进行系统测试、性能测试和安全性测试,修复发现的缺陷和问题两个子任务。

在上线阶段任务下输入部署到生产环境、发布 App 到应用商店、进行市场推广和宣传三个子任务。

(3)设置任务之间的层级关系。子任务输入完成后,不会自动成为子任务,选中子任务,在"任务"功能选项卡的"日程"组中单击"降级任务"按钮,才能把任务降级为子任务。设置结果如图 7-34 所示。

2)时间管理

时间管理包括估算完成项目所需的时间,建立可接受的项目进度计划以及保证项目按时完成。

(1)设置项目日历。在"项目"功能选项卡的"属性"组中单击"更改工作时间"按钮,打开"更改工作时间"对话框。单击"工作周"标签,单击右侧的"详细信息"按钮,打开详细信息对话框,选择日期为星期六,选中"对所列日期设置以下特定工作时间"单选按钮。具体设置方法如图 7-35 所示。原来工作时间为星期一到星期五,现在将星期六8:00—12:00、13:00—17:00 也设置为工作时间。

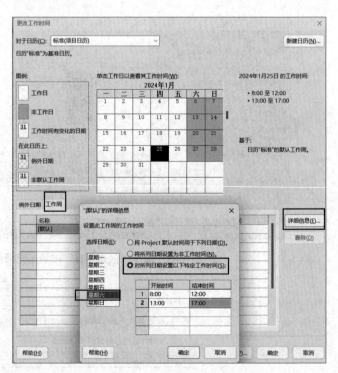

图 7-34 设置结果   图 7-35 设置项目日历

设置完成后，周六变成工作日，如图 7-36 所示。

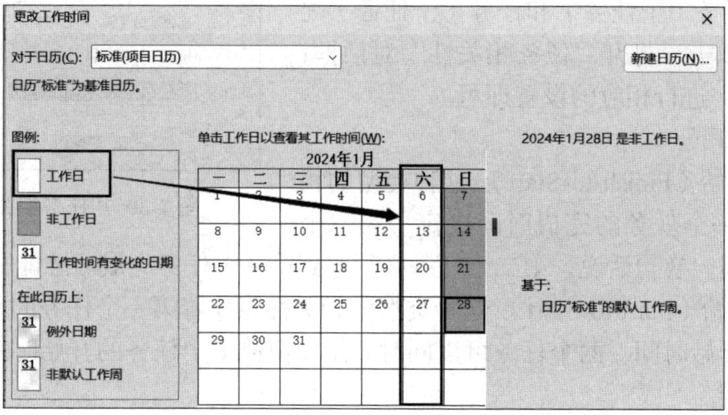

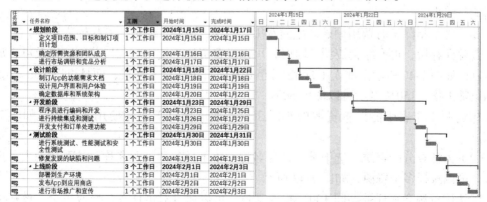

图 7-36　周六设置为工作日

（2）设置工期。在时间管理里，对每个任务根据需要设置工期，具体如图 7-37 所示。

任务模式	任务名称	工期	开始时间	完成时间	前置任务
	规划阶段	**3d**	**2024年1月15日**	**2024年1月17日**	
	定义项目范围、目标和制订项目计划	1d	2024年1月15日	2024年1月15日	
	确定所需资源和团队成员	1d	2024年1月16日	2024年1月16日	2
	进行市场调研和竞品分析	1d	2024年1月17日	2024年1月17日	3
	设计阶段	**4d**	**2024年1月17日**	**2024年1月22日**	
	制订App的功能需求文档	1d	2024年1月18日	2024年1月18日	4
	设计用户界面和用户体验	1d	2024年1月19日	2024年1月19日	6
	确定数据库和系统架构	2d	2024年1月20日	2024年1月22日	7
	开发阶段	**6d**	**2024年1月22日**	**2024年1月29日**	
	程序员进行编码和开发	3d	2024年1月23日	2024年1月25日	8
	进行持续集成和测试	2d	2024年1月26日	2024年1月27日	10
	开发支付和订单处理功能	1d	2024年1月29日	2024年1月29日	11
	测试阶段	**2d**	**2024年1月29日**	**2024年1月31日**	
	进行系统测试、性能测试和安全性测试	1d	2024年1月30日	2024年1月30日	12
	修复发现的缺陷和问题	1d	2024年1月31日	2024年1月31日	14
	上线阶段	**3d**	**2024年1月31日**	**2024年2月3日**	
	部署到生产环境	1d	2024年2月1日	2024年2月1日	15
	发布App到应用商店	1d	2024年2月2日	2024年2月2日	17
	进行市场推广和宣传	1d	2024年2月3日	2024年2月3日	18

图 7-37　设置工期

周一到周六为工作时间，周日为非工作时间，系统在排任务时会自动将周日排除掉。

（3）设置任务之间的关系。设置任务与任务之间的链接关系时，用拖动的方法，把前面一个和后面一个连接起来。这样就形成了前后关系，如图 7-38 所示。

任务模式	任务名称	工期	开始时间	完成时间
	规划阶段	**3 个工作日**	**2024年1月15日**	**2024年1月17日**
	定义项目范围、目标和制订项目计划	1 个工作日	2024年1月15日	2024年1月15日
	确定所需资源和团队成员	1 个工作日	2024年1月16日	2024年1月16日
	进行市场调研和竞品分析	1 个工作日	2024年1月17日	2024年1月17日
	设计阶段	**4 个工作日**	**2024年1月18日**	**2024年1月22日**
	制订App的功能需求文档	1 个工作日	2024年1月18日	2024年1月18日
	设计用户界面和用户体验	1 个工作日	2024年1月19日	2024年1月19日
	确定数据库和系统架构	2 个工作日	2024年1月20日	2024年1月22日
	开发阶段	**6 个工作日**	**2024年1月23日**	**2024年1月29日**
	程序员进行编码和开发	3 个工作日	2024年1月23日	2024年1月25日
	进行持续集成和测试	2 个工作日	2024年1月26日	2024年1月27日
	开发支付和订单处理功能	1 个工作日	2024年1月29日	2024年1月29日
	测试阶段	**2 个工作日**	**2024年1月30日**	**2024年1月31日**
	进行系统测试、性能测试和安全性测试	1 个工作日	2024年1月30日	2024年1月30日
	修复发现的缺陷和问题	1 个工作日	2024年1月31日	2024年1月31日
	上线阶段	**3 个工作日**	**2024年2月1日**	**2024年2月3日**
	部署到生产环境	1 个工作日	2024年2月1日	2024年2月1日
	发布App到应用商店	1 个工作日	2024年2月2日	2024年2月2日
	进行市场推广和宣传	1 个工作日	2024年2月3日	2024年2月3日

图 7-38　设置任务之间的关系后的效果图

（4）修改任务链接。如果需要修改任务链接。操作方法：在任务（子任务）和任务（子任务）之间的链接线上双击，打开"任务相关性"对话框，如图 7-39 所示，进行相应的设置即可。

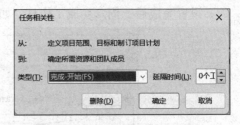

图 7-39 "任务相关性"对话框

四种类型如下。

① 完成-开始（Finish-to-Start）：这种类型的相关性意味着第一个任务的完成时间决定了第二个任务的开始时间。换句话说，第二个任务必须等到第一个任务完成后才能开始。

② 开始-开始（Start-to-Start）：这种类型的相关性意味着第一个任务的开始时间决定了第二个任务的开始时间。两个任务可以同时开始，但第二个任务的开始时间取决于第一个任务的开始时间。

③ 完成-完成（Finish-to-Finish）：这种类型的相关性意味着第一个任务的完成时间决定了第二个任务的完成时间。换句话说，两个任务必须同时完成。

④ 开始-完成（Start-to-Finish）：这种类型的相关性意味着第一个任务的开始时间决定了第二个任务的完成时间。换句话说，第二个任务必须在第一个任务开始后完成。这种类型的相关性通常用于描述一种情况，即第二个任务的完成依赖于第一个任务的开始。换句话说，第二个任务必须在第一个任务开始后立即开始，并在第一个任务进行期间完成。

延隔时间指定了第二个任务相对于第一个任务的延迟或提前时间。例如，如果你设置了一个 2 天的延隔时间，那么第一个任务完成后，第二个任务会在第一个任务完成后的两天内开始。如果延隔时间为负数，则意味着第二个任务可能在第一个任务完成前开始。

3）资源管理

（1）编辑资源工作表。在"视图"功能选项卡的"资源视图"组中单击"资源工作表"按钮，进入资源工作表界面。

双击资源行，打开"资源信息"对话框，在该窗口输入资源名称和类型。

资源类型的区别如下。

① 工时：按小时计费。简单来说就是按小时计费的资源，需要设置工作时间和小时工资。

② 材料：按照消耗量计算费用资源，需要设置成本。例如，一支笔 2 元，需要多少，费用就是多少。

③ 成本：指除工时费用额外产生的费用。例如，机票、住宿，直接输入金额。

资源保存后，再次编辑资源工时时，可以设置资源的使用时间段范围，以及可否加班等信息，如图 7-40 所示。此人 1 月 15 日至 2 月 3 日可以投入项目，而且可以加班。100%表示正常工作，150% 表示可以加班 50%。

在资源工作表中能设置资源的小时工资、加班小时工资和使用成本等，如图 7-41 所示。

（2）为任务分配资源。选中某一任务名称，单击任务"资源名称"的下拉列表，选择资源。可以选择多个资源，如图 7-42 所示。

默认该资源会在任务期间 100% 投入项目，可以通过双击任务，修改每个人员在项目

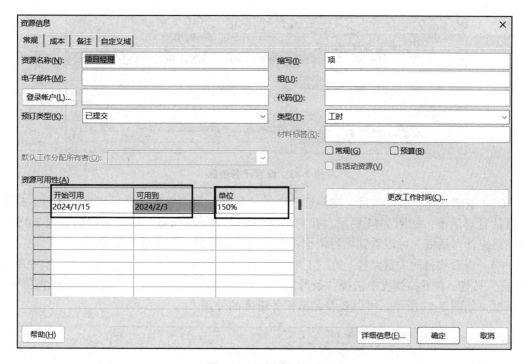

图 7-40　设置资源信息

资源名称	类型	材料	缩	组	最大单位	标准费率	加班费率	每次使用	成本累算	基准日
项目经理	工时		项		150%	¥40.00/工时	¥80.00/工时	¥0.00	按比例	标准
UI/UX设计师	工时		U		150%	¥20.00/工时	¥40.00/工时	¥0.00	按比例	标准
程序员（前端和后端）	工时		程		150%	¥20.00/工时	¥40.00/工时	¥0.00	按比例	标准
测试人员	工时		测		150%	¥20.00/工时	¥40.00/工时	¥0.00	按比例	标准
市场营销团队	工时		市		200%	¥20.00/工时	¥40.00/工时	¥0.00	按比例	标准

图 7-41　在资源工作表中设置资源信息

任务模式	任务名称	工期	开始时间	完成时间	前置任务	资源名称
★	▲ 规划阶段	3d	2024年1月15日	2024年1月17日		
⟲	定义项目范围、目标和制订项目计划	1d	2024年1月15日	2024年1月15日		项目经理
⟲	确定所需资源和团队成员	1d	2024年1月16日	2024年1月16日	2	项目经理
⟲	进行市场调研和竞品分析	1d	2024年1月17日	2024年1月17日	3	项目经理,市场营销团队
★	▲ 设计阶段	4d	2024年1月17日	2024年1月22日		□UI/UX设计师
⟲	制订App的功能需求文档	1d	2024年1月18日	2024年1月18日	4	□测试人员
⟲	设计用户界面和用户体验	1d	2024年1月19日	2024年1月19日	6	□程序员（前端和后端）
⟲	确定数据库和系统架构	2d	2024年1月20日	2024年1月22日	7	☑市场营销团队
★	▲ 开发阶段	6d	2024年1月22日	2024年1月29日		☑项目经理
⟲	程序员进行编码和开发	3d	2024年1月23日	2024年1月25日	8	程序员（前端和后端）
⟲	进行持续集成和测试	2d	2024年1月26日	2024年1月27日	10	程序员（前端和后端）
⟲	开发支付和订单处理功能	1d	2024年1月29日	2024年1月29日	11	程序员（前端和后端）
★	▲ 测试阶段	2d	2024年1月29日	2024年1月31日		
⟲	进行系统测试、性能测试和安全性测试	1d	2024年1月30日	2024年1月30日	12	测试人员
⟲	修复发现的缺陷和问题	1d	2024年1月31日	2024年1月31日	14	测试人员
★	▲ 上线阶段	3d	2024年1月31日	2024年2月3日		
⟲	部署到生产环境	1d	2024年2月1日	2024年2月1日	15	程序员（前端和后端）,测试人员

图 7-42　为任务分配资源

上的投入百分比。例如，任务工期为三天，但是测试人员每天只有半天投入项目，那么就需要修改测试人员的工作量为 50%，如图 7-43 所示。

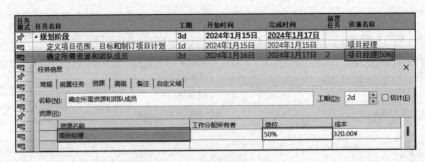

图 7-43　设置任务信息

（3）查看成本。在"项目"功能选项卡的"属性"组中单击"项目信息"按钮，打开项目信息对话框，如图 7-44 所示。在对话框中单击"统计信息"按钮，弹出如图 7-45 所示项目统计对话框。可以看到项目依据资源使用情况计算得到的成本情况。

（4）查看项目的关键路径。在"甘特图格式"功能选项卡的"条形图样式"组中单击"格式"按钮，在下拉列表中选择"条形图样式"，方法如图 7-46 所示，打开"条形图样式"对话框，如图 7-47 所示，可以查看关键任务进度的外观。

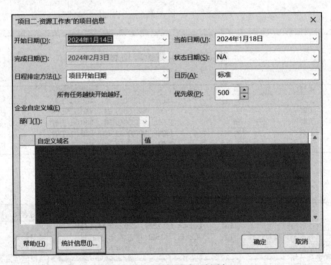

图 7-44　项目信息对话框

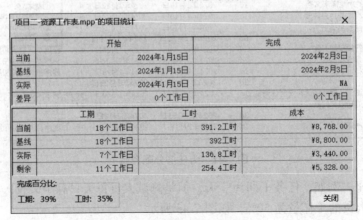

图 7-45　项目统计对话框

图 7-46 打开条形图样式方法

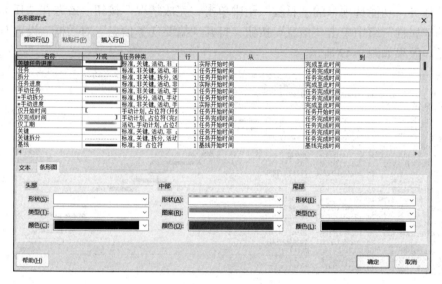

图 7-47 "条形图样式"对话框

在"甘特图格式"功能选项卡的"条形图样式"组选中"关键任务"复选框,可以查看关键任务,如图 7-48 所示。红色表示关键任务。

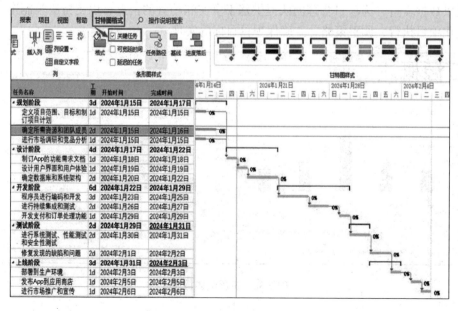

图 7-48 查看关键任务

4）监控管理

（1）设置基线。在"项目"功能选项卡的"日程安排"组中单击"设置基线"按钮。

设置基线的目的是跟踪项目进度的最初项目计划，便于看到实际时间和原有计划之间的差距。灰色的条形图就是项目的基准线。

然后，在"任务"功能选项卡的"视图"组中单击"甘特图"按钮，在下拉列表中选择"跟踪甘特图"命令。

（2）设置完成百分比。操作方法如下。

在"任务"功能选项卡的"日程"组中单击"完成情况"按钮。或者在"任务"功能选项卡的"属性"组中单击"信息"按钮，打开"摘要任务信息"对话框，设置对应的完成百分比。效果如图 7-49 所示。

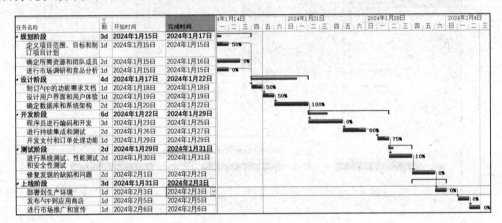

图 7-49　设置基线和完成百分比效果图

（3）查看报表。在"报表"功能选项卡的"查看报表"组中可以查看各种报表，如资源概述报表如图 7-50 所示，成本概述报表如图 7-51 所示，关键任务报表如图 7-52 所示等。报表提供数据支持，为项目管理团队提供基于事实和趋势的信息，以支持决策制定。这有助于优化项目执行，调整策略，并确保项目目标的实现。

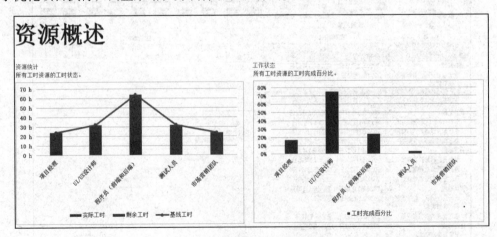

图 7-50　资源概述报表

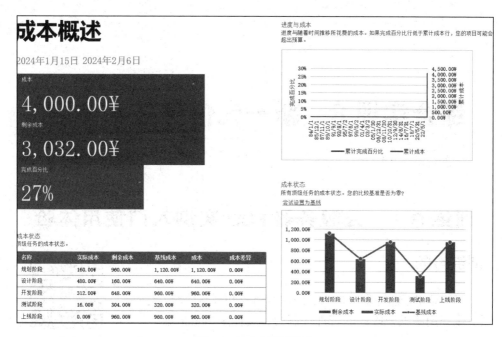

图 7-51　成本概述报表

图 7-52　关键任务报表

项目管理软件 Project 在完成项目任务方面提供了一套全面的工具，帮助团队规划、执行和监控项目，提高项目的效率和成功交付可能性。

五、训练结果

项目管理软件 Project 在完成项目任务中提供了一套全面的工具，帮助团队规划、执行和监控项目，提高项目的效率和成功交付可能性。

综合实训 8 新一代信息技术体验

训练 8.1 云服务器 ECS 实例入门使用体验

一、训练目的

（1）了解腾讯云服务器（ECS）的基本组成和基本功能。

（2）能利用腾讯云服务器管理控制台，会使用 Windows
系统实例。

训练 8.1 云服务器 ECS 实例
入门使用体验 .mp4

二、训练内容

在腾讯云管理控制台，通过创建 ECS 实例、添加安全组规则、连接 ECS 实例、配置
IIS 服务、解析网站域名、释放 ECS 实例、查看费用账单等，熟悉 Windows 系统使用过程。

三、训练环境

腾讯云服务器管理控制台

四、训练步骤

1. 登录腾讯云平台

在腾讯云首页注册账号，并完成实名认证。实名认证后登录腾讯云。

2. 购买云服务器

（1）登录腾讯云平台后，在首页单击"云服务器"按钮，进入"云服务器 CVM"页面，
如图 8-1 所示。

（2）单击"立即选购"按钮，进入云服务器的选购页面，选择"自定义配置"，完成
选购需要三步。

第一步：选择基础配置。计费模式选择"按量计费"，按量计费是云服务器实例的弹
性计费模式，可以随时开通 / 销毁实例，按实例的实际使用量付费。计费时间粒度精确到秒，

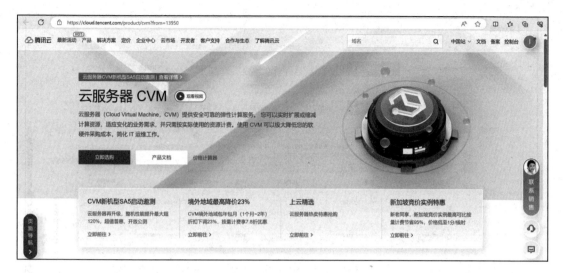

图 8-1　云服务器选购页面

不需要提前支付费用，每小时整点进行一次结算。此计费模式适用于电商抢购等设备需求量会瞬间大幅波动的场景，单价比包年包月计费模式高。

　　地域选择与你最近的一个地区，此处选择"北京"，如图 8-2 所示。

图 8-2　选择计费模式和地域

　　实例配置选择需要的云服务器机型配置。为满足不同客户不同应用场景的需求，腾讯云提供了不同应用场景下的实例类型。此处选择标准型 SA5、2 核 4GB，如图 8-3 所示。

　　操作系统选择需要的云服务器操作系统。此处选择"Windows Server 2016 数据中心版 64 位中文版"。存储介质可以选择本地盘或者云硬盘作为系统盘或者数据盘，如图 8-4 所示。

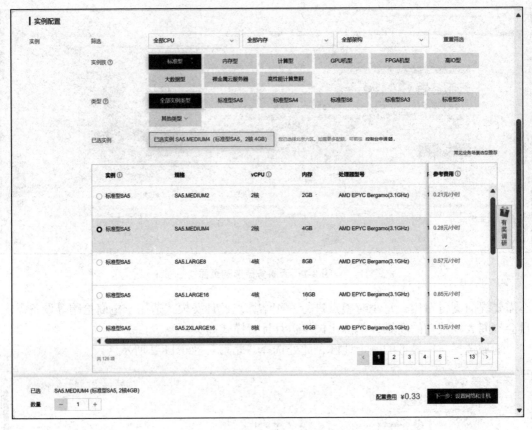

图 8-3　选择实例

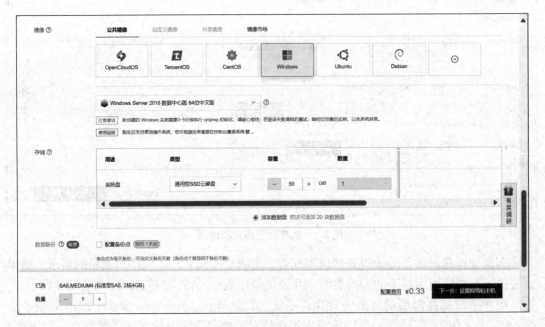

图 8-4　选择操作系统

单击"下一步：设置网络和主机"按钮。

第二步：设置网络和主机。根据实际需要配置网络，选中"分配独立公网 IP"复选框，带宽值默认为 5Mbps，可以进行调整，如图 8-5 所示。

图 8-5　设置网络与带宽

在设置安全组时，根据实际需求，选择新建安全组或已有安全组。此处选择"已有安全组"中的"sg-ikcgmfqx1 放通全部端口 -2024061518343141372"，也可以根据实际需求，在"新建安全组"中选中需要放通的 IP/ 端口后，将在安全组规则中显示详细的安全组入站 / 出站规则，可以根据业务需要放通其他端口，如图 8-6 所示。

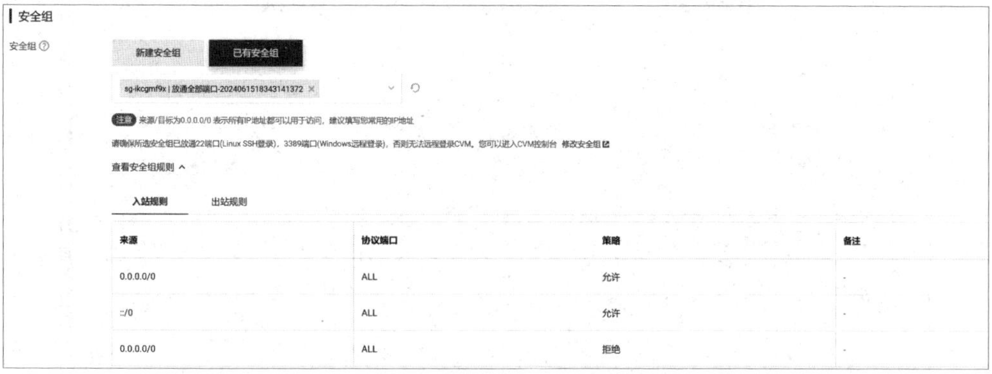

图 8-6　配置安全组

其他设置中需要设置登录密码，其余按需求配置，如图 8-7 所示。

单击"下一步：确认配置信息"按钮。

第三步：确认配置信息。确认所选配置，选中"我已阅读并同意《腾讯云服务协议》《腾讯云禁止虚拟货币相关活动声明》"复选框，如图 8-8 所示。

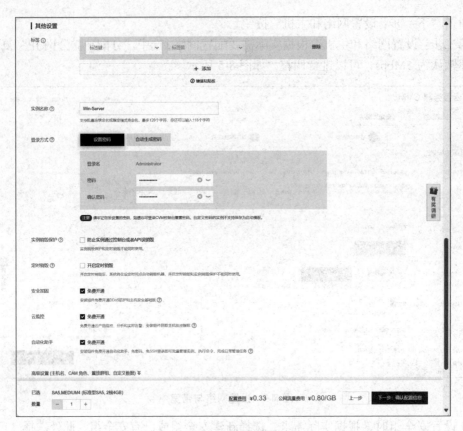

图 8-7　其他设置

图 8-8　确认配置信息

单击"开通"按钮，进入实例页面，可以看到刚才选购的云服务器，如图 8-9 所示。

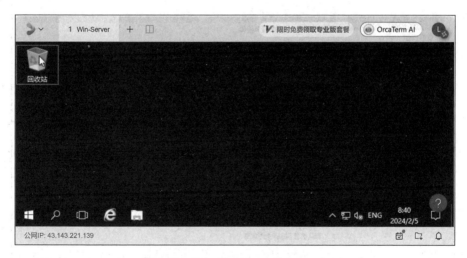

图 8-9　云服务器实例

3. 登录云服务器

在要登录的实例后单击"登录"按钮，进行身份验证后，进入登录页面，输入选购时设置的登录密码，单击"登录"按钮，登录成功后将打开 Windows 云服务器界面，如图 8-10 所示。

图 8-10　Windows 系统桌面

4. 使用云服务器

登录云服务器后，即可在云服务器上进行所需要的操作。例如，在 Windows 操作系统的腾讯云服务器（CVM）上通过 IIS 搭建 FTP 站点的步骤如下。

（1）登录云服务器。

（2）在 IIS 上安装 FTP 服务。选择"开始"→"服务器管理器"命令，打开"服务器管理器"窗口，如图 8-11 所示。

单击"添加角色和功能"选项，会弹出"添加角色和功能向导"窗口，如图 8-12 所示。

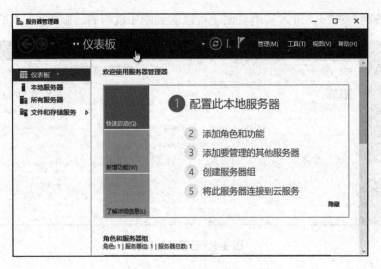

图 8-11　服务器管理器

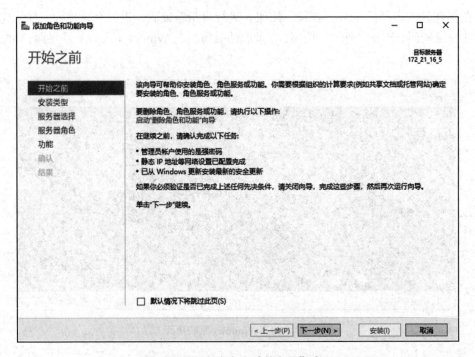

图 8-12　"添加角色和功能向导"窗口

　　单击"下一步"按钮，进入"选择安装类型"界面，选择"基于角色或基于功能的
安装"。单击"下一步"按钮，进入"选择目标服务器"界面，保持默认设置，如图 8-13
所示。

　　单击"下一步"按钮，进入"选择服务器角色"界面，选中"Web 服务器（IIS）"，
并在弹出的窗口中单击"添加功能"按钮，如图 8-14 所示。

　　单击"下一步"按钮，进入"选择功能"页面，保存默认设置，单击"下一步"按钮，
进入"选择 Web 服务器角色"页面，保持默认设置，单击"下一步"按钮，进入"选择

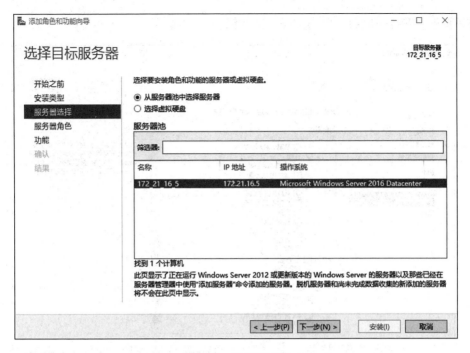

图 8-13　服务器选择

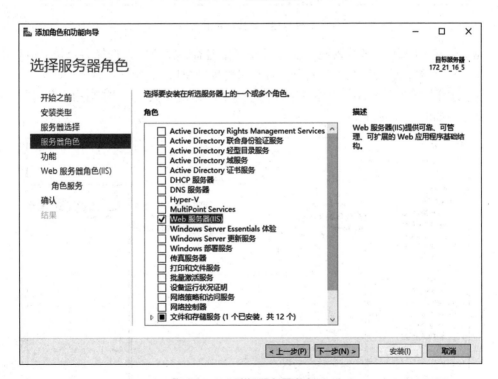

图 8-14　选择服务器角色

角色服务"界面,选中"FTP 服务"及"FTP 扩展"复选框,如图 8-15 所示。

　　单击"下一步"按钮,进入"确认安装所选内容"页面,单击"安装"按钮,开始安装 FTP 服务。安装完成后，单击"关闭"按钮。

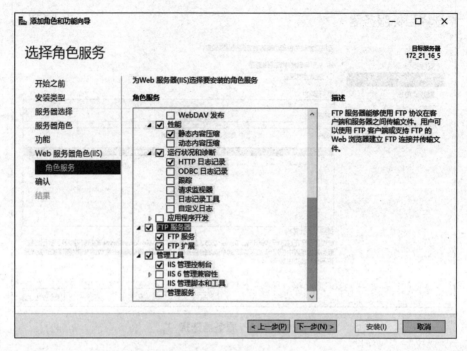

图 8-15　选择角色服务

（3）创建 FTP 用户名及密码。在"服务器管理器"窗口中，选择右上角导航栏中的"工具"→"计算机管理"命令，打开"计算机管理"窗口。

在"计算机管理"界面中，选择左侧导航栏中的"系统工具"→"本地用户和组"→"用户"命令，如图 8-16 所示。

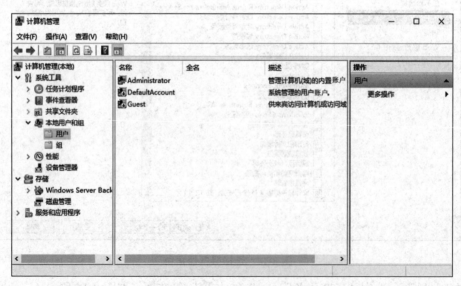

图 8-16　计算机管理

　　在右侧"用户"界面中，在空白处右击，在弹出的快捷菜单中选择"新用户"命令。打开"新用户"对话框，设置用户名及密码，并单击"创建"按钮，如图 8-17 所示。再单击"关闭"按钮，关闭对话框后即可在列表中查看已创建的用户。

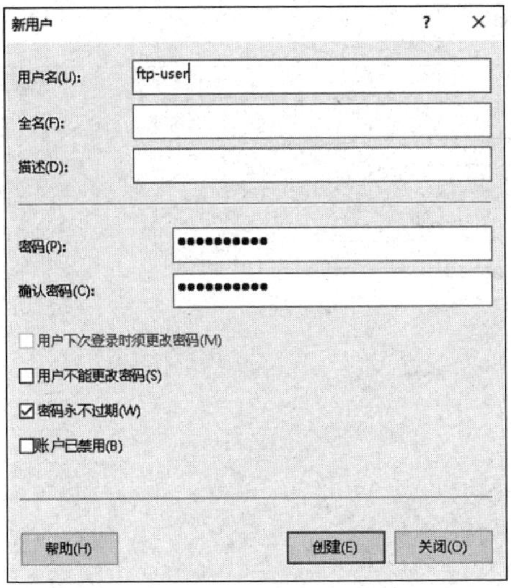

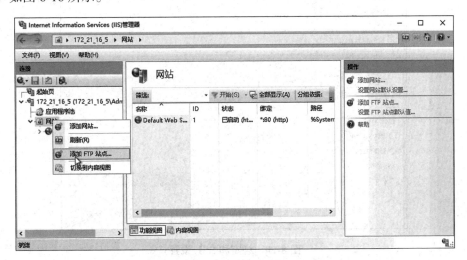

图 8-17　新建用户

　　如果使用匿名用户访问 FTP 服务，可跳过此步骤。

　　（4）设置共享文件夹权限。在 C 盘中新建 share 文件夹，作为 FTP 站点的共享文件夹，在文件夹中新建 test.txt 文件进行测试。

　　（5）添加 FTP 站点。在"服务器管理器"窗口中，选择右上角导航栏中的"工具"→"Internet Information Services(IIS) 管理器"命令。打开"Internet Information Services (IIS) 管理器"窗口，依次展开左侧导航栏的服务器名称，右击"网站"，选择"添加 FTP 站点…"命令，如图 8-18 所示。

图 8-18　IIS 管理器

打开"添加 FTP 站点"对话框，设置 FTP 站点名称，选择内容目录，如图 8-19 所示。

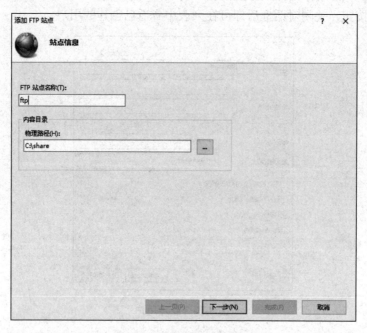

图 8-19 添加 FTP 站点信息

单击"下一步"按钮，进行绑定和 SSL 设置，如图 8-20 所示。

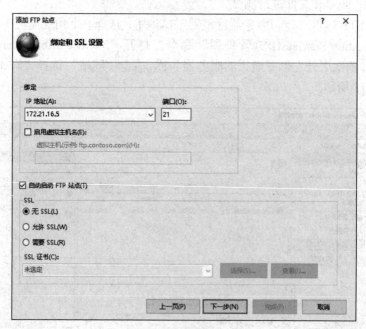

图 8-20 绑定和 SSL 设置

单击"下一步"按钮，进行身份验证和授权信息设置，如图 8-21 所示。

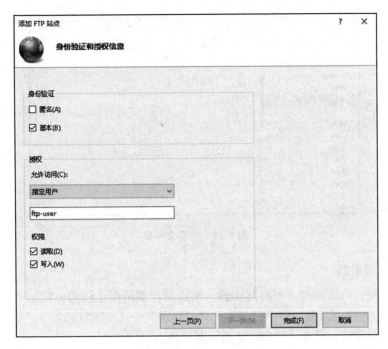

图 8-21　身份验证和授权信息

单击"完成"按钮，完成 FTP 站点添加。

（6）测试。在客户端文件夹地址栏中输入"ftp:// 服务器 IP 地址"，弹出"登录身份"对话框，输入用户名和密码，进行登录，如图 8-22 所示。

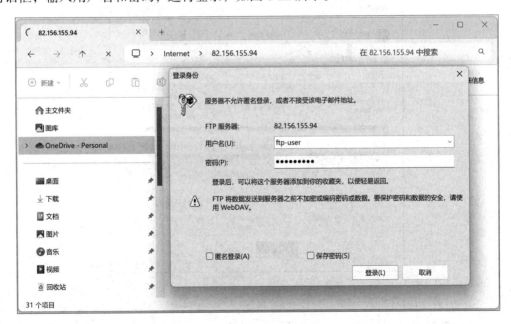

图 8-22　客户端登录

登录成功后，显示共享文件，即可上传及下载文件，如图 8-23 所示。

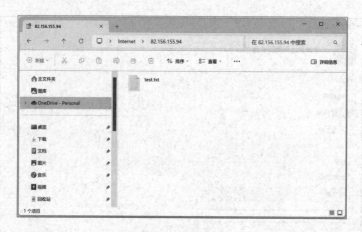

图 8-23 共享文件夹

5. 销毁云服务器

当不再需要这台实例时，可将其销毁。销毁后，实例停止计费，数据不可恢复。

（1）返回实例列表页面（见图 8-9），选择"更多"→"实例状态"→"退还或销毁"命令，进行身份验证后，进入"销毁/退还"对话框。

（2）在对话框中选择要销毁的实例，选中"立即销毁"和"立即释放"单选按钮，单击"下一步"按钮，如图 8-24 所示。

（3）确认销毁明细后，单击"确定"按钮，将云服务器销毁。

图 8-24 "销毁/退还"对话框

6. 查看费用账单

在管理控制台顶部菜单栏中单击"费用"按钮，进入"费用中心"页面，可以查看订单、收支明细、费用账单等信息。

五、训练结果

通过训练，了解常见的云服务和应用以及云服务的优势和适用场景，理解云计算的价值和应用。

训练 8.2　体验百度 AI 开放平台

一、训练目的

（1）了解人工智能的应用。
（2）了解百度 AI 开放平台的使用方法。

训练 8.2　体验百度 AI
开放平台 .mp4

二、训练内容

注册使用百度 AI 开放平台。

三、训练环境

百度 AI 开放平台

四、训练步骤

目前，国内比较知名的 AI 开放平台有百度 AI 开放平台、腾讯 AI 开放平台和阿里 AI 开放平台。利用 AI 开放平台，初学者可以轻松地使用搭建好的基础架构资源，通过调用其相关 API（application programming interface，应用程序接口），使用自己的应用程序获得 AI 功能。

下面使用百度 AI 开放平台识别图片中植物的种类。

1. 注册与认证

打开百度 AI 开放平台首页，如图 8-25 所示，单击页面右上角的"登录"按钮，跳转至登录页面，使用百度账号登录。如未持有百度账户，可以单击此处注册百度账户。

如果是首次使用，登录后将会进入开发者认证页面，需要填写相关信息完成开发者认证。

2. 领取免费资源

（1）登录后，通过控制台左侧导航，选择产品服务，进入具体 AI 服务项的控制面板，进行相关业务操作。此处选择"产品服务"中"人工智能"的"图像识别"，如图 8-26 所示。

图 8-25　百度 AI 开放平台首页

图 8-26　选择产品服务

（2）进入图像识别控制台，如图 8-27 所示。

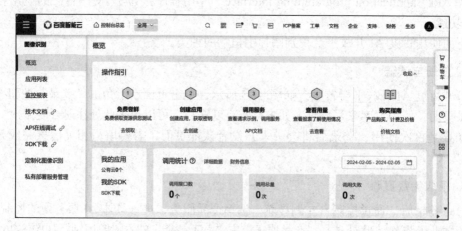

图 8-27　控 制 台

（3）单击"免费尝鲜"的"去领取"按钮，领取该服务类型全部接口的免费测试资源。

3. 创建应用

（1）单击服务控制台中创建应用的"去创建"按钮，创建新应用，在其中输入应用名称，应用归属选择"个人"，填写应用描述，单击"立即创建"按钮，如图 8-28 所示。

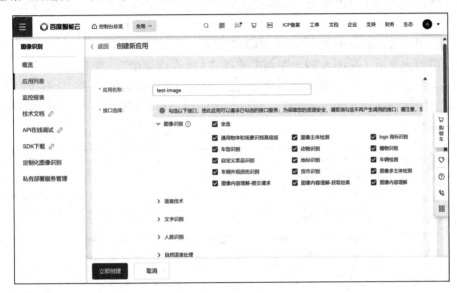

图 8-28　创建新应用

（2）创建完成后，返回应用列表，查看刚才创建应用的 API Key 以及 Secret Key，如图 8-29 所示，这是应用的鉴权信息，简称 AK、SK。

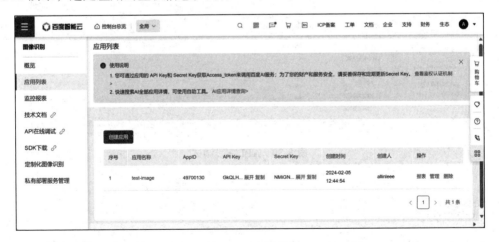

图 8-29　应用列表

4. 使用 API 服务

可以通过以下三种方式调用 API 服务。

（1）使用 API Explorer 调用 API 服务。如果对 HTTP 请求与 API 调用有一定的了解，可以通过此方式快速体验文字识别服务。该方式无须编码，只需要输入相关参数，即可在线调用 API，并查看返回结果。

（2）使用可视化工具（如 Postman）调用 API 服务。如果熟悉 HTTP 请求与 API 调用，可以通过 Postman 调用、调试 API。

（3）使用代码调用 API 服务。如果熟悉代码编写，可以通过编写代码的方式调用文字识别服务。

下面使用 API Explorer 方式调用图像识别服务。

在应用列表页面（见图 8-29）左侧中选择"API 在线调试"，进入"自助工具"页面，选择"人工智能 AI"→"植物识别"命令，在"植物识别"设置中单击"上传文件"按钮，选择要识别的植物图片文件，再单击"调试"按钮后，在"调试结果"中可以看到识别结果，如图 8-30 所示。

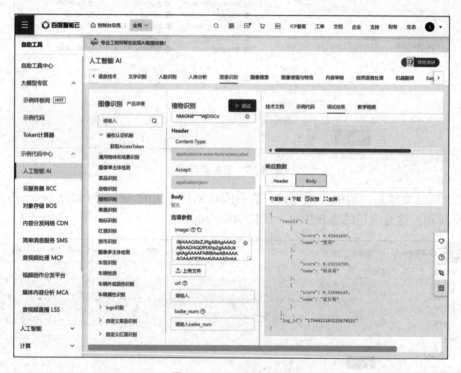

图 8-30　API 在线调试

五、训练结果

在当今信息时代，人工智能 AI 的应用已经深入生活的方方面面，通过训练，了解人工智能的工作原理和相关算法技术，并能够运用这些知识解决实际问题，也能提升在今后工作中的职业竞争力。

线 上 部 分

综合实训 9　程序设计技术应用

综合实训 10　现代通信技术体验

综合实训 11　虚拟现实技术应用

综合实训 12　机器人与流程自动化技术体验

综合实训 13　区块链技术应用体验

综合实训 14　信息安全技术应用

参 考 文 献

[1] 黄红波，王勇智. 信息技术项目化教程 [M]. 北京：北京出版社，2022.

[2] 程远东. 信息技术基础（Windows 10+WPS Office）（微课版）[M]. 2 版. 北京：人民邮电出版社，2023.

[3] 丁爱萍. 信息技术 [M]. 北京：北京出版社，2022.

[4] 徐春良，赵军辉. 计算机技术基础 [M]. 北京：机械工业出版社，2021.

[5] 武马群，等. 信息技术基础 [M]. 北京：高等教育出版社，2021.

[6] 郭纪良，吕佳，等. 信息技术实训教程 (微课版 + 电子活页)[M]. 北京：清华大学出版社，2023.

[7] 陈海洲，王俊芳，等. 信息技术基础（Windows 10+WPS）[M]. 北京：清华大学出版社，2022.

[8] 陈守森，李华伟，等. 信息技术基础 [M]. 北京：清华大学出版社，2022.

后　　记

在编者、教材专家和编辑团队的辛勤努力下,《信息技术综合实训(Office 视频版)》(以下简称"本教材")一书终于得以面世。

本教材由邓春生、李焕春、蔡琼担任主编,冯云、孔娅妮、李振翔、桂连彬担任副主编。参加本教材编写的有关人员分工如下表。

线下部分编写分工

综 合 实 训	单 位	编 写 人
综合实训 1　信息素养与社会责任	北京政法职业学院	李焕春
综合实训 2　图文处理技术应用	北京政法职业学院	李焕春
综合实训 3　电子表格技术应用	四川工商职业技术学院	冯云　何全文
综合实训 4　信息展示技术应用	四川工商职业技术学院	曾维兵
综合实训 5　信息检索技术应用	四川工商职业技术学院	杨继平　桂连彬
综合实训 6　数字媒体技术应用	济南职业学院	蔡琼
综合实训 7　项目管理应用体验	济南职业学院	蔡琼
综合实训 8　新一代信息技术体验	北京政法职业学院	李焕春

线上部分编写分工

综 合 实 训	单 位	编 写 人
综合实训 9　程序设计技术应用	四川信息职业技术学院	李振翔　牟鑫　彭波
综合实训 10　现代通信技术体验	四川化工职业技术学院	刘春
综合实训 11　虚拟现实技术应用	四川工商职业技术学院	杨继平　孔娅妮
综合实训 12　机器人与流程自动化技术体验	烟台汽车工程职业学院	云玉屏
综合实训 13　区块链技术应用体验	四川化工职业技术学院	张旭　谭秋荣
综合实训 14　信息安全技术应用	四川信息职业技术学院	尹禛

四川工商职业技术学院邓春生对全书进行了总体规划和把关,北京政法职业学院李焕春、四川工商职业技术学院冯云对全书做了统稿。

教材编写过程中,多位专家给予我们具体指导,教材的编写工作也得到有关高职业院校的大力支持,编写团队还广泛参阅了很多同类教材和参考资料,在此一并表示感谢。

编　者
2024 年 2 月